Leitfaden

für den Bau von Kleinwasserkraftanlagen

Leitfaden

für den Bau von

Kleinwasserkraftanlagen

Wasserwirtschaftsverband Baden-Württemberg e. V.

franckh kosmos

Mit 49 Bildern und 7 Tabellen im Text

CIP-Kurztitelaufnahme der Deutschen Bibliothek:

Wasserwirtschaftsverband Baden-Württemberg e. V.:
Leitfaden für den Bau von Kleinwasserkraftanlagen/
Wasserwirtschaftsverband Baden-Württemberg e. V. - 2. Auflage
Stuttgart: Franckh-Kosmos, 1994
ISBN 978-3-528-03825-0 ISBN 978-3-322-84906-9 (eBook)
DOI 10.1007/978-3-322-84906-9

Autoren: W. Berg, J. Giesecke, R. Grabitz, F. Haakh, H. G. Haury, H.-B. Horlacher, A. Hutarew, W. Latrille, W. Mackert, P. Müller, K. Sauer, H. Schmid, H. Schweickert, H. Waller

Koordination: H. Schweickert

Umschlagbild: Turbinendarstellung nach Voith, Heidenheim

2. Auflage 1994
Franckh-Kosmos Verlags-GmbH & Co., Stuttgart

Gedruckt in Deutschland/printed in Germany/imprimé en Allemagne

Vorwort

Die 1991 herausgegebene 1. Auflage des „Leitfadens“ war rascher vergriffen als gedacht. Die Resonanz auf sein Erscheinen war überraschend gut. Noch heute gehen Anfragen aus dem In- und Ausland mit der Bitte um Übersendung von Exemplaren ein. Das rege Interesse an seinem Inhalt bestärkt den Wasserwirtschaftsverband Baden-Württemberg (WBW) in seiner Absicht, sowohl potentiellen Betreibern als auch Betreibern und Eigentümern bestehender Anlagen beratend und informierend an die Hand zu gehen. Es hat sich herausgestellt, daß selbst in Fachkreisen noch manche Unklarheiten über Probleme der Wasserkraft bestehen, seien sie technischer, wirtschaftlicher, juristischer oder ökonomischer Natur.

Die große Nachfrage nach dem Leitfaden hat den WBW bewogen, eine 2. Auflage in erweiterter und verbesserter Form herauszugeben.

Die Landesregierung von Baden-Württemberg unterstützt auch künftig die Nutzbarmachung brachliegenden Wasserkraftpotentials. Eine Neuauflage der Förderrichtlinien speziell für Kleinwasserkraftwerke wurde 1993 verabschiedet.

Dennoch ist es schwierig, ein Genehmigungsverfahren zügig abzuwickeln. Teilweise überhöhte Forderungen haben zur Folge, daß anstehende Projekte verzögert oder in ihrer Verwirklichung behindert werden. Derartige Hindernisse zu beseitigen, ist eine der wichtigsten Aufgaben des WBW. Einen aus der Praxis geborenen Beitrag in diese Richtung stellt der vorliegende „Leitfaden“ dar. Möge er Betreibern von Wasserkraftanlagen oder solchen, die es werden wollen, eine Hilfe sein.

Folgende Herren haben sich um die Erstellung diese Leitfadens verdient gemacht:

Assessor W. Berg	Badenwerk AG, Karlsruhe
Prof. Dr.-Ing. habil. J. Giesecke	Institut für Wasserbau, Lehrstuhl für Wasserbau und Wasserwirtschaft, Universität Stuttgart
Dipl.-Ing. R. Grabitz	früher ABB, Mannheim-Käfertal
Dr.-Ing. F. Haakh	Institut für Wasserbau, Lehrstuhl für Wasserbau und Wasserwirtschaft, Universität Stuttgart; heute Zweckverband Landeswasserversorgung Stuttgart
Dr. rer. nat. H. G. Haury	Kraftübertragungswerke Rheinfelden AG, Rheinfelden
Dipl.-Ing. S. Heimerl	Institut für Wasserbau, Lehrstuhl für Wasserbau und Wasserwirtschaft, Universität Stuttgart

Prof. Dr.-Ing. H.-B. Horlacher	Institut für Wasserbau, Lehrstuhl für Wasserbau und Wasserwirtschaft, Universität Stuttgart; heute TU Dresden
Dr.-Ing. A. Hutarew	Ingenieurbüro Hutarew + Partner, Pforzheim
Dr.-Ing. W. Latrille	Lahmeyer International, Frankfurt
W. Mackert	Badenwerk AG, Karlsruhe
Dr.-Ing. W. Marx	Institut für Wasserbau, Lehrstuhl für Wasserbau und Wasserwirtschaft, Universität Stuttgart
Dipl.-Ing., Dipl.-Kfm. P. Müller	Müller Ingenieurgesellschaft mbH, Kalchreuth
Dipl.-Ing. K Sauer	Energieversorgung Schwaben AG, Stuttgart
Dipl.-Ing. H. Schmid	Vedewa, Stuttgart
Dr.-Ing. H. Schweickert	J. M. Voith GmbH, Heidenheim
Dipl.-Ing. H. Waller	Badenwerk AG, Karlsruhe

Wie bereits bei der Erstauflage wurden auch jetzt von Herrn Dr. Schweikkert, der das Konzept für diese Broschüre entworfen hat, die einzelnen Beiträge fachlich koordiniert. Der WBW ist ihm dafür zu besonderem Dank verpflichtet.

Die Übersetzung des IEC-Handbuchs aus der englisch-französischen Vorlage wurde von Frau Krieg, Badenwerk AG, Karlsruhe, in vorbildlicher Weise angefertigt.

Die Reinschrift des gesamten Textes und die Bearbeitung aller Bilder und Tabellen erfolgte am Lehrstuhl für Wasserbau und Wasserwirtschaft der Universität Stuttgart - auch dafür herzlichen Dank.

Dr.-Ing. G. Häßler
Vorsitzender des WBW

Inhaltsverzeichnis

Verzeichnis der Bilder und Tabellen **12**

1 Einführung **15**

2 Grundüberlegungen zum Neubau **17**

2.1 Randbedingungen 17
2.2 Auslegung einer Turbine 19
2.3 Literaturhinweise 29

3 Elektromechanische Ausrüstung kleiner Wasserkraftwerke **30**

3.1 Allgemeines 31
3.1.1 Anwendungsbereich 31
3.1.2 Zielsetzung 31
3.1.3 Normen 32
3.1.4 Terminologie 32
3.1.5 Methodik 32
3.2 Beschreibung der Anlage und der Betriebsbedingungen 33
3.2.1 Standortbedingungen 33
3.2.2 Hydraulische Bedingungen der Anlage und Auslegungskriterien der Maschinen 34
3.2.3 Die elektrischen Bedingungen für den Betrieb der Anlage 35
3.2.3.1 Die Anlage ist für Inselbetrieb vorgesehen 35
3.2.3.2 Das Kraftwerk ist für Parallelbetrieb mit einem Versorgungsnetz, das die Frequenz bestimmt, vorgesehen 36
3.2.4 Regelungs- und Betriebsarten 37
3.2.4.1 Frequenzregelung 37
3.2.4.2 Wasserstandsregelung 37
3.2.4.3 Durchflußmengenregelung 37
3.2.4.4 Vereinfachte Regelung 37
3.2.5 Automation, Datenfernübertragung, Fernsteuerung und Überwachungseinrichtungen 38
3.3 Spezifikation der Ausrüstung 38
3.3.1 Technische Anforderungen 38
3.3.2 Liefergrenzen 39
3.3.2.1 Hydraulisches System 39
3.3.2.2 Elektrisches System 39
3.3.2.3 Im allgemeinen im Auftrag nicht enthaltene Lieferungen 39
3.3.3 Spezifikation der Ausrüstung 39
3.3.3.1 Einlaufrechen und Reinigungsanlage 39
3.3.3.2 Wasserstandskontrolle 40
3.3.3.3 Absperrorgane 40
3.3.3.4 Druckrohrleitung 42

3.3.3.5	Turbine	42
3.3.3.5.1	Aktionsturbine (Pelton-Turbine)	43
3.3.3.5.2	Reaktionsturbine (Francis-, Kaplan-, Propellerturbine)	43
3.3.3.5.3	Führungs- und Axiallager	44
3.3.3.5.4	Wellenkupplung - direkt oder mit Übersetzungsgetriebe	44
3.3.3.5.5	Überwachung und Schutz	44
3.3.3.5.6	Regelung	45
3.3.3.5.7	Zusatzeinrichtungen für die Turbine	46
3.3.3.6	Generator	47
3.3.3.6.1	Synchrongenerator	48
3.3.3.6.2	Asynchrongenerator	48
3.3.3.6.3	Trag- und Führungslager	49
3.3.3.6.4	Betriebsüberwachung und Schutz	49
3.3.3.7	Automatik	50
3.3.3.8	Maschinentransformator	50
3.3.3.9	Hilfseinrichtungen	51
3.3.3.10	Ersatzteile und Spezialgeräte	53
3.3.3.11	Montagehilfsmittel	53
3.3.3.12	Korrosionsschutz	53
3.3.4	Garantien	53
3.3.4.1	Allgemeines	53
3.3.4.2	Absperrorgane	55
3.3.4.3	Turbine	55
3.3.4.4	Generator	55
3.3.4.5	Regelung	56
3.3.4.6	Getriebe	56
3.3.4.7	Anmerkungen zum gesamten Maschinensatz	56
3.3.4.8	Haupttransformator	56
3.3.5	Allgemeine Bedingungen für die Angebotsausschreibung und den Vergleich der Angebote	57
3.3.5.1	Hinweise an die Anbieter	57
3.3.5.2	Allgemeine Vertragsbedingungen	57
3.3.5.3	Angebotsvergleich auf technischer Basis	57
3.4	Ausführungskontrolle, Abnahme, Betrieb und Wartung	58
3.4.1	Genehmigung der Zeichnungen und Inspektion der Herstellung	58
3.4.1.1	Genehmigung der Zeichnungen	58
3.4.1.2	Kontrolle der Werkstoffe und Vormontagen	59
3.4.1.3	Inspektion beim Hersteller	59
3.4.1.4	Lieferung	59
3.4.1.5	Montage vor Ort	60
3.4.2	Inbetriebnahme	61
3.4.2.1	Prüfungen vor der Flutung	61
3.4.2.2	Flutung	61
3.4.2.3	Drehen der Turbinen	62

3.4.2.4	Vorprüfungen und elektrische Messungen unter Last	63
3.4.3	Betrieb	63
3.4.3.1	Probezeit	63
3.4.3.2	Garantiezeit	64
3.4.3.3	Normalbetrieb	67
3.4.4	Schulung des Personals	68
3.4.5	Kontrolle und Wartung	68
3.5	Anhang 3: Definitionen und Terminologie	85
3.6	Literaturverzeichnis	86
4	**Kostenermittlung und Wirtschaftlichkeit**	**87**
4.1	Vorbemerkungen	87
4.2	Kosten	87
4.2.1	Investitionskosten (Neubau)	87
4.2.1.1	Grunderwerb, Erschließung	89
4.2.1.2	Baukosten	89
4.2.1.3	Ausrüstungen	89
4.2.1.3.1	Maschinenbauliche Ausrüstung	89
4.2.1.3.2	Elektrotechnische Ausrüstung	91
4.2.1.3.3	Stahlwasserbauliche Ausrüstung	92
4.2.1.4	Indirekte Baukosten	92
4.2.1.5	Baugemeinkosten	93
4.2.1.6	Bauzinsen	93
4.2.1.7	Genaue Kostenrechnung	93
4.2.2	Betriebskosten	96
4.2.2.1	Betrieb, Instandhaltung und Verwaltung	96
4.2.2.2	Kapitaldienst	96
4.2.2.3	Steuern, Gebühren	97
4.3	Ertrag	97
4.4	Wirtschaftlichkeit	99
5	**Verwendungsart und finanzielle Bewertung des erzeugten Stroms**	**100**
5.1	Eigenbedarf/Netzeinspeisung	100
5.2	Erzeugungsverluste durch Mindestwasserabgabe	100
5.2.1	Allgemeines	100
5.2.2	Erzeugungsverluste	101
5.2.3	Bewertung des Erzeugungsverlusts	101
6	**Rechtsfragen beim Neubau oder Ausbau von Kleinwasserkraftanlagen in Baden-Württemberg**	**106**
6.1	Neubau	106
6.2	Ausbau bestehender Anlagen	108
6.3	Mindestabflüsse bei Neubau, Modernisierung und Erweiterung von Wasserkraftanlagen	110
6.3.1	Mindestabflüsse	112

6.3.1.1	Ausleitungskraftwerke	112
6.3.1.2	Flußkraftwerke	113
6.3.2	Kriterien zur Überprüfung der Orientierungswerte	113
6.3.3	Verwendete Symbole und Kurzbezeichnungen	114
6.4	Literaturverzeichnis	119
7	**Umweltauflagen und Umweltverträglichkeitsprüfung**	**120**
7.1	Gegenwärtige Situation	120
7.2	Zu erwartende Probleme	120
7.3	Konkretes Vorgehen bei projektierten Kleinwasserkraftwerken	121
7.3.1	Verfahren in der Schweiz	121
7.3.2	Möglicher Ablauf des Verfahrens in Deutschland	121
7.3.3	Inhalt des Verfahrens	122
7.4	Kosten einer UVU	124
8	**Hydraulische Gestaltung des Bauwerks**	**126**
8.1	Entnahme und Einlauf	126
8.1.1	Seitenentnahme	128
8.1.2	Stirnentnahme (nur bei Aufstau)	130
8.1.3	Sohlentnahme	131
8.1.4	Stollen- und Rohreinläufe	132
8.2	Auslauf	132
8.2.1	Saugrohr (bei Kleinanlagen i. d. R. vom Hersteller mitgeliefert)	132
8.2.2	Abmessungen	133
8.2.3	Rückgabebereich	134
8.3	Trennpfeiler	134
8.3.1	Hydraulische Auswirkungen	134
8.4	Rechen	135
8.4.1	Rechentypen	135
8.4.2	Grobrechen	136
8.4.3	Feinrechen	136
8.4.4	Rechenreinigung	137
8.4.5	Tauchwand	138
8.5	Sandfang	138
8.5.1	Übersicht	139
8.6	Rohrleitungs- und Werkkanalführung	140
8.6.1	Druckrohrleitungen (Hoch- und Mitteldruckanlagen)	140
8.6.2	Rohrleitungsverluste (Verlusthöhe)	140
8.6.3	Werkkanäle für Niederdruckanlagen	141
8.6.4	Hydraulische Bemessung für Werkkanäle/-Freispiegelstollen	141
8.7	Absperrorgane	143
8.7.1	Anordnung	143

8.7.2 Auswahlkriterien 143
8.8 Literaturverzeichnis 144

9 Umbau einer vorhandenen Wasserkraftanlage 145
9.1 Konstruktive Verbesserungen 145
9.2 Modernisierung von Regelung und Steuerung 145
9.3 Leistungserhöhung der Anlage 145

10 Instandsetzung, Umbau oder Neubau 148
10.1 Austausch von Teilen bzw. Reparatur mit geringstem Aufwand 148
10.2 Hydraulische und mechanische Modernisierung durch Umbau 148
10.3 Totaler Ersatz des bestehenden elektromechanischen Teils durch eine Turbine moderner Bauart 148

11 Versicherungen im Betrieb 150
11.1 Allgemeines 150
11.2 Maschinenversicherung 150
11.3 Maschinen-Betriebsunterbrechungs-Versicherung 151
11.4 Betriebs-Feuerversicherung, Gebäudebrand- und Elementarschadenversicherung 151
11.5 Betriebs-Haftpflichtversicherung 151

Schlußwort 153

Verzeichnis der Bilder und Tabellen

		Seite
Bild 2.1	Abflußdauerlinie, Leistungskurve und Fallhöhendauerlinie	20
Bild 2.2	Anwendungsbereich der verschiedenen Arten von Wasserturbinen	21
Bild 2.3	Einsatzbereiche von Standardturbinen für die Nutzung kleiner Wasserkräfte	22
Bild 2.4	Wirkungsgradcharakteristiken der verschiedenen Turbinenarten	22
Bild 2.5	Pelton-Turbine	24
Bild 2.6	Francis-Spiralturbine	25
Bild 2.7	Francis-Schachtturbine	25
Bild 2.8	Getriebe-Rohrturbine	26
Bild 2.9	Kaplan-Turbine	26
Bild 2.10	S-Turbine	27
Bild 2.11	Durchström-Turbine	27
Bild 2.12	Kegelrad-Rohrturbine	28
Tabelle 3.1	Überwachung im Betriebszustand (Beispiele)	71
Tabelle 3.2.a	Kriterien für den Vergleich der Angebote	72
Tabelle 3.2.b	Kriterien für den Vergleich der Angebote	73
Bild 3.1	Ablaufschema	74
Bild 3.2	Abflußdauerlinie - Abfluß im Fluß und Kraftwerksdurchfluß	75
Bild 3.3	Schematische Kraftwerks- und Turbinendarstellungen: Flußkraftwerk/Laufwasserkraftwerk an einem Seitenkanal	76
Bild 3.4	Aufstellungsplan für Kraftwerke mit großer und mittlerer Fallhöhe (Pelton- bzw. Francis-Turbine)	77
Bild 3.5	Aufstellungsplan für Kraftwerke mit kleinen Fallhöhen (Rohrturbine und Straight-Flow-Turbine)	78
Bild 3.6	Aufstellungsplan für Kraftwerke mit kleinen Fallhöhen (Kaplan- und S-Turbine)	79
Bild 3.7	Aufstellungsplan für kleine Fallhöhen: Turbine mit Saugheberung bzw. mit Druckrohrkrümmer vor dem Laufrad	80

Bild 3.8	Leistungsbereich der Turbinen (schematisch)	81
Bild 3.9	Einpoliger Übersichtsplan für einen Asynchrongenerator	82
Bild 3.10	Synchrongenerator	83
Bild 3.11	Hydraulische Absperreinrichtungen (Beispiele)	84
Bild 4.1	Spezifische Investitionskosten für den Neubau einer Kleinwasserkraftanlage (Preisbasis 1994)	88
Bild 4.2	Kostenaufteilung der einzelnen Kostenarten an den Neubaugesamtkosten (Preisbasis 1994)	91
Tabelle 4.1	Tabelle zur Erfassung der wichtigsten Gewerke und der zugehörigen Daten für die Kostenkalkulation	95
Bild 4.3	Berechnungsschema zur Aufwands- und Ertragsberechnung	98
Tabelle 5.1	Finanzielle Bewertung der Erzeugungsverluste durch Mindestwasserabgabe (1, 2, 3, 4 siehe Beispiele)	105
Bild 6.1	Modelle für dynamische Mindestabflußregelungen: zuflußdynamische Mindestabflußregelung (mittlere Abflußdauerlinie)	115
Bild 6.2	Modelle für dynamische Mindestabflußregelungen: 2-stufige jahreszeitabhängige Regelung	116
Bild 6.3	Modelle für dynamische Mindestabflußregelungen: 3-stufige jahreszeitabhängige Regelung	116
Bild 6.4	Flußkraftwerk mit technischem Aufstiegsbauwerk	117
Bild 6.5	Flußkraftwerk mit naturnahem Aufstiegsbauwerk	117
Bild 6.6	Ausleitungskraftwerk mit teilweiser Umgestaltung des Wehres in eine rauhe Rampe	118
Bild 7.1	Ablauf der Umweltverträglichkeitsprüfung (UVP)	125
Bild 8.1	Sekundär- sowie Sohl- und Oberflächenströmung	126
Bild 8.2	Untersuchung verschiedener Abzweigungen nach HABERMAAS mit Angabe der prozentualen Aufteilung des Geschiebes in Fluß und Abzweigung für die Entnahmestellen 1 bis 24 (Aufteilung des Durchflusses bei allen Versuchen: im Fluß 50 %, im Abzweig 50 %)	127
Bild 8.3	Seitenentnahme	128
Bild 8.4a	Entnahmeformen	128
Bild 8.4b	Entnahmeformen	129
Bild 8.5	Entnahmeformen	129

Bild 8.6	Geschiebekanal	130
Bild 8.7	Stirnentnahme	131
Bild 8.8	Sohlentnahme	131
Bild 8.9	Sohlschwellenanordnung	132
Bild 8.10	Übersicht der wichtigsten Abmessungen	133
Bild 8.11	Pfeilerstau, Pfeilerformbeiwerte	135
Bild 8.12	Rechenbauwerk mit geradem Rechen (DIN 19 554, 1)	136
Bild 8.13	Rechenverlustberechnung	137
Bild 8.14	Anordnung der Bauteile im Einlaufbereich/Krafthaus	139
Bild 8.15	Querschnittskenngrößen	141
Tabelle 8.1	Stricklerbeiwerte k_{st} in $[m^{1/3}/s]$	142
Tabelle 8.2	Zulässige Querschnittsgeschwindigkeiten	142

1 Einführung

Planung und Bau kleiner Wasserkraftanlagen sind in der Regel komplexe Vorgänge, da viele Maßgaben, die den Bau großer Anlagen betreffen, hier ebenfalls zu beachten sind.

Der Bauherr ist deshalb gut beraten, wenn er sich dabei des Sachverstandes eingeführter Ingenieurfirmen bedient, die ihm besonders in der Planungs- und Genehmigungsphase zur Seite stehen. Er kann dabei auch die entsprechenden satzungsmäßigen Dienstleistungen des Wasserwirtschaftsverbandes Baden-Württemberg (WBW) in Anspruch nehmen.

Schon während dieser Zeit, mit Sicherheit jedoch dann, wenn sich die zu behandelnden Fragen auf die praktische Realisierung des Vorhabens hin verdichten, sollte der Bauherr in der Lage sein, fachlich fundiert mit seinem Berater diskutieren zu können. Dies ist solange kein Problem, als er selbst schon Fachkenntnisse besitzt. Häufig jedoch hat er mit diesen speziellen Fragen bisher wenig zu tun gehabt und sollte sich deshalb auf eine praxisnahe, konzentriert dargestellte Unterlage abstützen können. Dazu gehören auch die Möglichkeit der begleitenden Kontrolle bei der Auftragsabwicklung, die Überprüfung der vereinbarten Garantien und der Ablauf der Inbetriebnahme.

Für diesen Kreis der Interessenten hat die Internationale Elektrotechnische Kommission (IEC) ein Handbuch erarbeitet. Der Unterzeichner war daran beteiligt und hat dabei die Grundidee mit getragen, daß hier kein Lehrbuch, sondern ein Handbuch für den direkten praktischen Gebrauch entstehen sollte.

Der zweite Grundgedanke der IEC war, die Ausschreibungsverfahren für Lieferungen und Leistungen zu vereinfachen und den Aufwand dafür entsprechend den kleinen und oft standardisierten Turbinen zu minimieren. Neu ist dabei das Vorgehen anhand einer Checkliste.

Das Handbuch der IEC ist in einer international zusammengesetzten Gruppe entstanden und im Hinblick auf die Verwendung in der ganzen Welt konzipiert worden. Länderspezifische Fragen, wie etwa Umweltauflagen, Wirtschaftlichkeitsüberlegungen, Rechtslage und Versicherungswesen, konnten infolgedessen nicht Bestandteil des Handbuches werden.

Der WBW hatte deshalb 1991 beschlossen, seinen Mitgliedern nicht nur die deutsche Fassung des IEC-Handbuches zur Verfügung zu stellen, sondern darüber hinaus durch zusätzliche Fachaufsätze bzw. -informationen den Bezug zum deutschen Wirtschaftsraum herzustellen. Ausführlich wurde auch der wasserbauliche Teil der Wasserkraftanlage dargestellt, da er den Gesamtwirkungsgrad der Energieumsetzung entscheidend beeinflußt.

Jetzt liegt die 2. Auflage vor.

Eine wesentliche Änderung gegenüber der 1. Auflage bringt der zusätzliche Abschnitt über Mindestwasserabflüsse und die Durchgängigkeit oder Fließwasserverbindung bei Stauhaltungen - Themen, die in den letzten Jahren besonders intensiv diskutiert worden sind, die aber noch lediglich aus Empfehlungen und Richtlinien für die Bauherren bestehen, ohne bisher Gesetzeskraft erlangt zu haben.

Aktualisiert wurden selbstverständlich die Kapitel, die mit Preisen und Kosten zu tun haben.

Auch bei technischen Abschnitten sind Richtwerte der Weiterentwicklung entsprechend angepaßt worden.

Die 2. Auflage basiert auf den Beiträgen derjenigen Autoren, die bereits für die 1. Auflage gearbeitet hatten und jetzt auch, sofern es erforderlich war, die Überarbeitung besorgten.

Dr.-Ing. H. Schweickert

2 Grundüberlegungen zum Neubau

2.1 Randbedingungen

Wasserkraftnutzung erfordert heute mehr denn je zeitgemäßes Denken bei der Erzeugung von elektrischer Energie.

Wer sich mit dem Gedanken an den Neubau einer Wasserkraftanlage trägt, rechnet zwar mit Einkünften aus der Energieerzeugung. Er muß sich aber darüber im klaren sein, daß er damit die Verantwortung für die Anlage, auch in Hochwasserzeiten, übernimmt, daß Instandhaltungsaufwand getrieben werden muß, daß ein gutes Maß an Liebe zum Objekt und auch Einsatzbereitschaft vorhanden sein müssen.

Der aus Kleinwasserkraftanlagen gewonnene Strom steht in hartem Wettbewerb mit den anderen Erzeugern von elektrischer Energie, so daß bei allen Maßnahmen zuerst die Wirtschaftlichkeit nachgeprüft werden muß. Infolge der interdisziplinären Aufgabenstellung - Wasserbau, Kraftmaschinen, Steuerungstechnik, Betriebswirtschaft, Wasserrecht und Umweltschutz - ist bei Planung, Bau und Betrieb hierauf besondere Sorgfalt zu verwenden.

Dabei sind es vor allem die wasserbaulichen Fragen, die zur Vermeidung von Folgeschäden sehr eingehend zu behandeln sind. Kanal- oder Wehrbauarbeiten setzen eine hydraulische Untersuchung der Abflußsituation voraus, und die Kostenträger müssen eindeutig festgelegt sein. Dies gilt für die Wasserhaltung in Baugruben, die schadlose Ableitung des Vorfluters bei verschiedenen Wasserständen und besonders für eventuelle Hochwasserschäden. Hierbei ist eine generelle Übernahme der Kosten durch den ausführenden Unternehmer, aber auch eine Beteiligung des Bauherrn ab einem Grenzabfluß denkbar, bei dessen Überschreitung er das Risiko trägt. Eine Bauwesenversicherung kann deshalb sinnvoll für ihn sein. Weiterhin sei auf die Regelungen der Verdingungsordnung für Bauleistungen (VOB) A und B (VOB/A §10, VOB/B § 10) /1/ hingewiesen.

Ein Problem bei Kanalbauwerken von Kleinwasserkraftanlagen liegt teilweise darin, daß das Oberwasser über dem anstehenden Grundwasser geführt wird. Dadurch muß an eine umfassende und dauerhafte Dichtheit dieses Bauteils höchste Anforderung gestellt werden. Kleinste Undichtigkeiten erweitern sich ständig bis zur Selbstzerstörung des Bauwerkes. Auch Gefahren aus der Alterung des Bauwerkes sollten weitgehend ausgeschlossen bleiben.

Die maschinelle Ausrüstung muß so ausgewählt werden, daß sie in der Lage ist, sich den in aller Regel vorhandenen Fallhöhen und Durchflußschwankungen optimal anzupassen und damit die Energieerzeugung zu maximieren. Üblicherweise werden deshalb die Auslegungsdaten in die

Gewährleistung der Lieferanten einbezogen. Außerdem sind bei der Anlagenauswahl eine lange Lebensdauer, wartungsarmer Betrieb und geräuscharmer Lauf vertragsmäßig abzusichern.

Die Kraftwerksautomatisierung ist ein wesentlicher Faktor bei der Wirtschaftlichkeitsberechnung. Ergibt sich bei guter Planung und günstiger Finanzierung sowie guten Verkaufspreisen die Chance der Netzeinspeisung, so ist eine Steuerungsanlage zu empfehlen, die modular aufgebaut ist und eine partielle Anpassung an den sich ständig ändernden Stand der Technik ermöglicht.

Selbstverständlich sind bei allen technischen Maßnahmen die DIN- bzw. VDE-Vorschriften für das Bauwesen, den Maschinenbau und die Elektrotechnik einzuhalten.

Empfehlenswert ist also, angesichts der vielfältigen Fragestellungen bei der Realisierung eines Kleinwasserkraftwerkes, eine schrittweise und systematische Vorgehensweise, wie sie z. B. in der HOAI (Verordnung über die Honorare für Leistungen der Architekten und Ingenieure) vorgegeben ist.

Entwurfsplanung

Das Planungskonzept wird unter Berücksichtigung funktionaler, technischer, wirtschaftlicher, energiewirtschaftlicher und ökologischer Anforderungen unter Verwendung anderer, an der Planung Beteiligter, bis zum vollständigen Entwurf durchgearbeitet.

Genehmigungsverfahren

Die Planungsunterlagen müssen für die Erlangung der nach öffentlichrechtlichen Vorschriften erforderlichen Genehmigungen (Baufreigabe, Nutzung des Wasserrechts, s. Kapitel 6) zu Planungsvorlagen aufbereitet werden.

Ausführungsplanung

Zur Vorbereitung der Ausschreibung und der Objektausführung erfolgen hier die detaillierte zeichnerische Aufbereitung der bisherigen Planung sowie Konstruktion und Bemessung der baulichen Einrichtung.

Vorbereitung und Ausführung der Vergabe

Die Ausschreibungsvorbereitung erfordert das Ermitteln und Zusammenstellen von Mengen als Grundlage für das Aufstellen von Leistungsbeschreibungen. Die Leistungsbeschreibung erfolgt in einem Leistungsverzeichnis mit Leistungsbereichen. Die Ausschreibung sollte so klar strukturiert sein, daß sie alle kostenrelevanten Faktoren erfaßt und keine Fragen offenläßt.

Weitere Hinweise finden sich in der VOB/A. In der Angebotsphase ist eine Ortsbesichtigung durch die Anbieter zur Vermeidung nachträglicher Diskussionen und zur exakten Leistungserfassung (VOB/A § 9) nahezu zwingend.

Im Rahmen der Vergabe erfolgen nach dem terminierten Einholen der Angebote durch eine gewählte Ausschreibungsart deren Prüfung, die Verhandlung mit den Bietern und nach abschließender Wertung der Zuschlag.

Bauausführung und Objektüberwachung (Bauüberwachung)

Die Bauausführung erfordert detaillierte Ausführungspläne unter Einhalten der Baugenehmigung und der anerkannten Regeln der Technik.

Überwacht werden die Ausführung, das Erstellen des Aufmaßes und die Koordination der fachlich Beteiligten für einzelne Abschnitte. Zum Schluß wird die Bauleistung nach VOB/B § 12 abgenommen.

Ein wesentlicher Abschnitt sind Montage und Inbetriebsetzung sowie der Probebetrieb, der der Optimierung der Maschine und der Erprobung der Aggregate dient.

Im letzten Schritt wird dann die Übergabe an den Eigner und damit die reguläre Indienststellung vollzogen.

Die in diesem Kapitel kurz zusammengefaßten Überlegungen zum technischen Ablauf und zur elektromechanischen Ausrüstung, die sich mehr oder weniger stets wiederholen, haben die International Electrotechnical Commission (IEC) zur Erstellung des Handbuches (Kap. 3) veranlaßt. In klar gegliederter Weise soll es den Interessenten von der Standortbeschreibung der künftigen Anlage bis hin zur Inbetriebnahme des Kraftwerkes führen.

2.2 Auslegung einer Turbine

Die genauen Auslegungsdaten der Turbine, d. h. zu gegebener Fallhöhe und festgelegtem Ausbaudurchfluß Q_a den Turbinentyp, die optimale Drehzahl, die Laufradform und den Durchmesser zu finden sowie die Einbauhöhe und weitere technische Daten festzulegen, gehört zu den Aufgaben des Herstellers. Er wählt auch die verwendeten Materialien aus, berechnet die Durchgangsdrehzahl und bestimmt über Stelle, Zulässigkeit und Ausmaß von Kavitationsbildung. Maßgebend sind dabei kleinste Teillast und höchste Überlast, die ihrerseits wieder wesentlich in die Berechnung der Jahresenergie eingehen.

Die Auslegung basiert zwar weitestgehend auf der Sachkenntnis des Herstellers und spielt sich auch in seinem Hause ab, Optimierungsgespräche mit der Käuferseite zur Berücksichtigung bestimmter örtlicher Gegebenheiten können jedoch nach Vorliegen von Zwischenergebnissen immer wieder stattfinden. Deshalb sollen hier kurz die Grundlagen dargestellt werden.

Ausgangspunkt sind die Abflußdauerlinien (der mittleren Tageswerte) für Fallhöhe und Abfluß, die anhand langjähriger Abfluß- und Pegelmessungen ermittelt wurden (Bild 2.1).

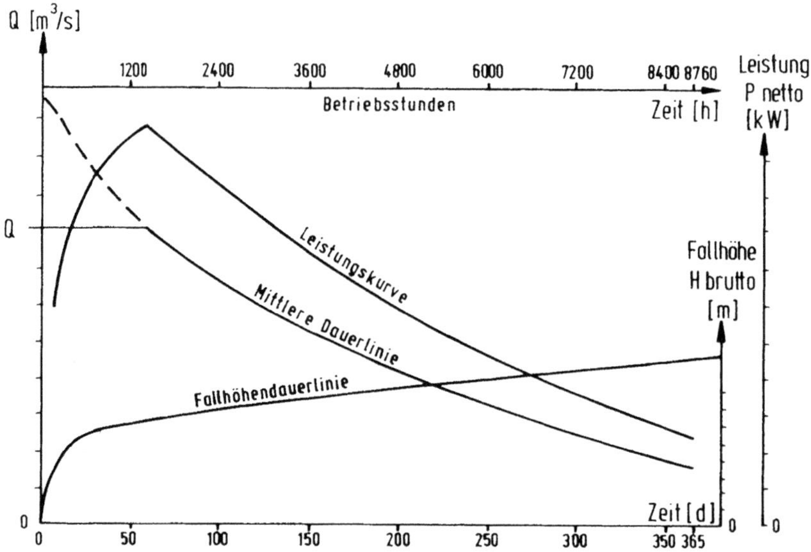

Bild 2.1: Abflußdauerlinie, Leistungskurve und Fallhöhendauerlinie

Der Auslegungspunkt der Turbine liegt erfahrungsgemäß zwischen 80 und 120 Tagen.

Nach seiner Wahl sind auch die Nennwerte von Fallhöhe und Ausbaudurchfluß festgelegt, wobei der Ausbaudurchfluß der Anlage ca. 20 % höher als der Durchfluß im Auslegungspunkt der Turbine liegt.

Die Planung erfordert hier die Beachtung von „Mindestabfluß“ bzw. „Fließwasserverbindung“. Diese beiden Begriffe sind in den letzten Jahren so wichtig geworden, daß ihnen ein eigener Abschnitt (6.3) gewidmet wurde.

Zusammen mit der iterativ ausgewählten Betriebsdrehzahl läßt sich die spezifische Drehzahl n_q errechnen, die den Laufradtyp festlegt:

$$n_q = \frac{n\sqrt{Q}}{h_f^{\,0,75}} \qquad (2.1)$$

n = Betriebsdrehzahl [min^{-1}]

Q	=	Durchfluß	$[m^3/s]$
h_f	=	von der Turbine genutzte Fallhöhe	[m]

Das Bild 2.2 stellt die Anwendungsbereiche der verschiedenen Turbinentypen in Abhängigkeit von Fallhöhe und spezifischer Drehzahl dar: Große Fallhöhen erfordern den Einsatz von Pelton-Turbinen, mittlere den von Francis-Turbinen, kleinere den von Kaplan-Turbinen.

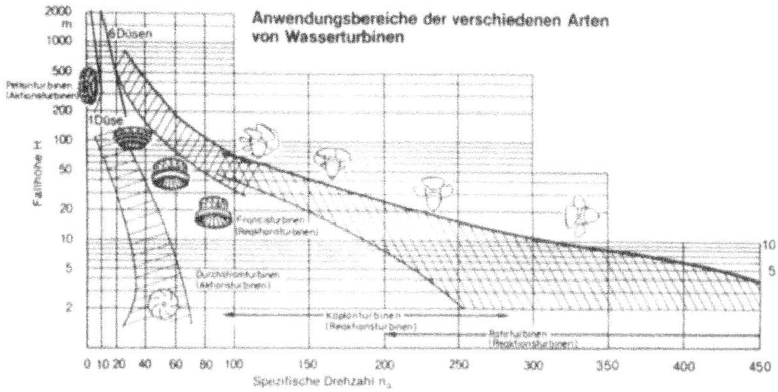

Bild 2.2: Anwendungsbereich der verschiedenen Arten von Wasserturbinen

Die weitere Optimierung erfolgt dann durch den Hersteller aufgrund der von ihm ermittelten Turbinenkennfelder (Bilder 2.3 und 2.4).

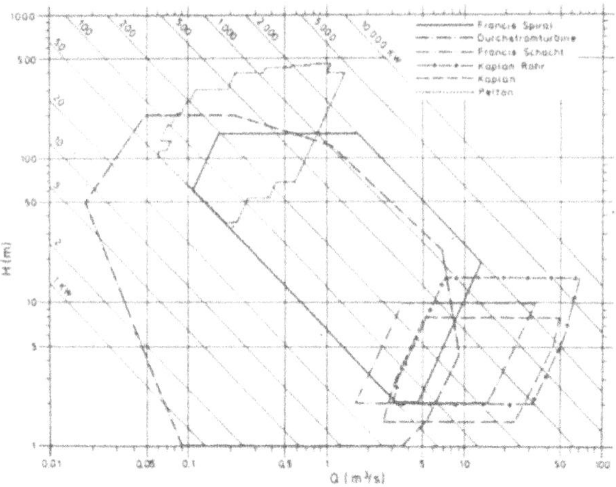

Bild 2.3: **Einsatzbereiche von Standardturbinen für die Nutzung kleiner Wasserkräfte**

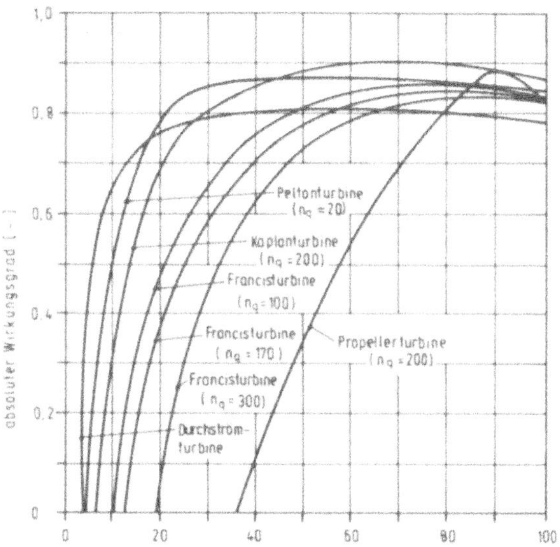

Bild 2.4: **Wirkungsgradcharakteristiken der verschiedenen Turbinenarten**

Bild 2.3 zeigt die Einsatzbereiche, Bild 2.4 die Wirkungsgradcharakteristiken der verschiedenen Turbinenarten. Die Einsatzbereiche sind für die einzelnen Maschinentypen so gewählt, daß jeweils die wirtschaftlich günstigste Lösung zur Anwendung kommt.

Da sie sich verschiedentlich überschneiden, werden nachfolgend einige Gesichtspunkte aufgeführt, die bei der Auswahl des richtigen Maschinentyps für den speziellen Anwendungsfall berücksichtigt werden sollten:

Überschneidungsbereich Pelton-/Francis-Spiralturbine

Vorteile Francis-Spiral- gegenüber Pelton-Turbine:

- kleinere Abmessungen
- höhere Drehzahlen
- kostengünstiger
- besser geeignet für den Einsatz bei starken Unterwasserspiegelschwank-ungen.

Vorteile Pelton- gegenüber Francis-Spiralturbine:

- flacher Wirkungsgradverlauf
  Einsatz Pelton: Leistungsbereich 20 - 100 %
  Einsatz Francis: Leistungsbereich 40 - 100 %
  Deshalb hat bei schwankendem Wasserdargebot die Pelton-Turbine ein größeres Jahresarbeitsvermögen.
- Bevorzugter Einsatz bei sandhaltigem Wasser, da die wenigen Verschleißteile schnell und kostengünstig repariert bzw. ausgewechselt werden können.

Überschneidungsbereich Francis-Schacht-/Kaplan-/S-Turbine:

Vorteile Francis-Schacht- gegenüber Kaplan- oder S-Turbine:

- Einfacher Aufbau von Turbine und Krafthaus, deshalb kostengünstig
- Saughöhen bis zu ca. 6 m möglich.

Vorteile Kaplan- oder S- gegenüber Francis-Schachtturbine:

- Bei schwankendem Wasserdargebot höheres Jahresarbeitsvermögen, wenn Laufrad und Leitrad reguliert sind (siehe Wirkungsgradcharakteristik).
- Höhere Drehzahlen
- Mit horizontalen S-Turbinen ist eine umweltfreundliche Flachbauweise für das Krafthaus möglich.

Überschneidungsbereich Kaplan-Turbinen/S-Turbinen:

Für die Entscheidung, welcher Turbinentyp zur Anwendung kommt, sind die örtlichen Gegebenheiten ausschlaggebend.

Im Normalfall werden bei Kraftwerksneubauten die Kosten für ein Kraftwerk mit horizontaler S-Turbine niedriger sein, da dieser Turbinentyp ein relativ kleines Bauvolumen erfordert.

In den letzten Jahren hat allerdings die Getriebe-Rohrturbine bei Fallhöhen bis zu ca. 12 m die S-Turbine fast völlig abgelöst (kostengünstig, Kompaktmontage möglich).

Zur Abrundung dieses Kapitels sollen diejenigen Turbinentypen im Bild dargestellt werden, die in der Regel zum Einsatz kommen.

Peltonturbine
horizontale Welle, 2-düsig, in Sonderfällen eindüsig, Gleitlager, Düsenregulierung oder Düsen- und Ablenkerregulierung.

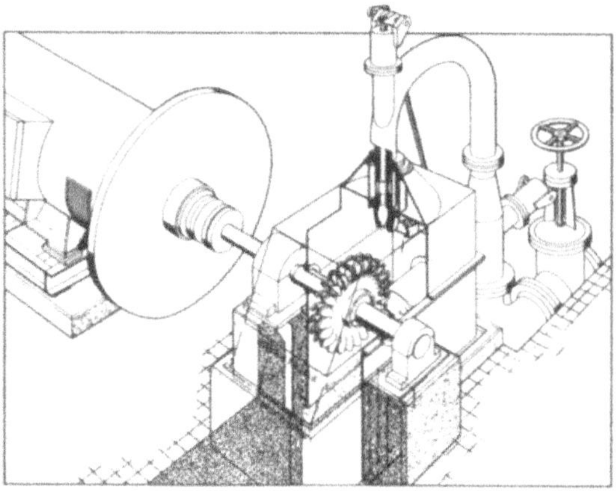

Bild 2.5: Pelton-Turbine /2/

Francis-Spiralturbine
horizontale Welle, Gleitlager, Leitrad-regulierung. In Sonderfällen bei niedrigen Fallhöhen ist die Verwendung eines Getriebes zwischen Turbine und Generator zweckmäßig.
Falls aus Platzgründen nur ein Turbinenlager verwendet werden soll, ist eine starre Kupplung zwischen Turbinen- und Generatorwelle notwendig.

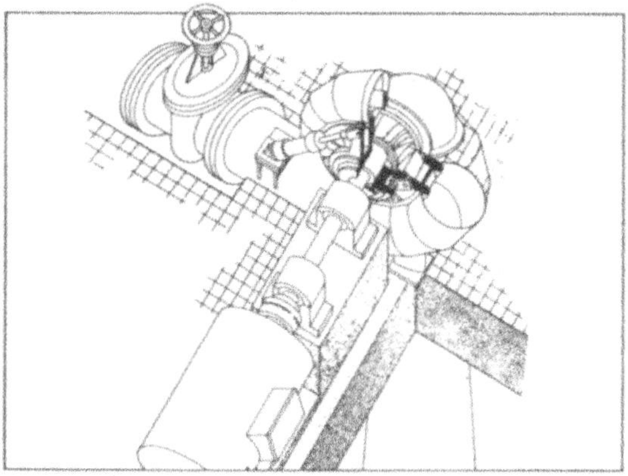

Bild 2.6: Francis-Spiralturbine /2/

Francis-Schachtturbine
vertikale Welle, Gleitlager. In Sonderfällen horizontale Welle, Leitrad-regulierung, Übersetzungsgetriebe zum Generator

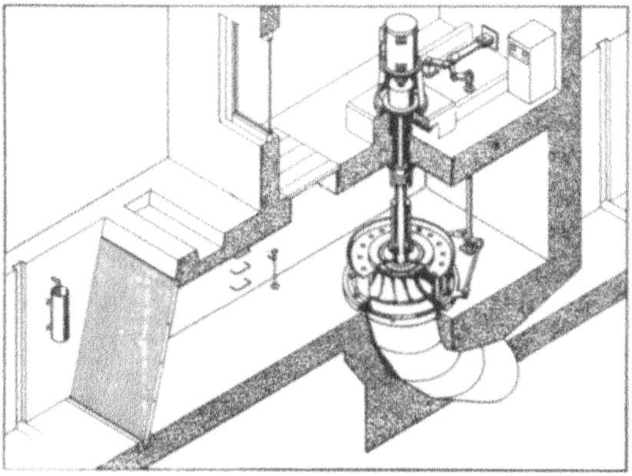

Bild 2.7: Francis-Schachtturbine /2/

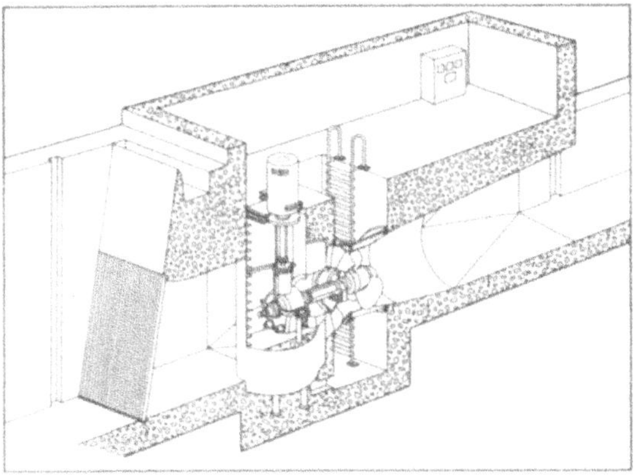

Getriebe-Rohrturbine
horizontale Welle, Gleit- oder Wälzlager, gerades Saugrohr, Laufrad- und Leitradregulierung, elastische Kupplung zum Generator, Kompaktmontage.

Bild 2.8: Getriebe-Rohrturbine /2/

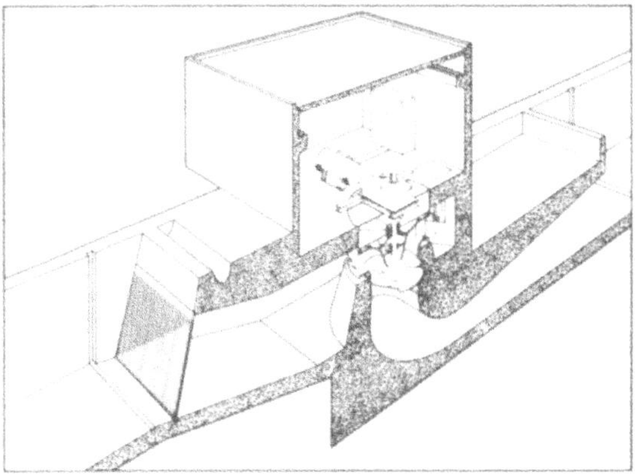

Kaplan-Turbine
vertikale Welle, Gleitlager, Betonhalbspirale. Wahlweise Laufradregulierung oder Leitradregulierung, oder Lauf- und Leitradregulierung. Im Normalfall starre Kupplung zum Getriebe.

Bild 2.9: Kaplan-Turbine /2/

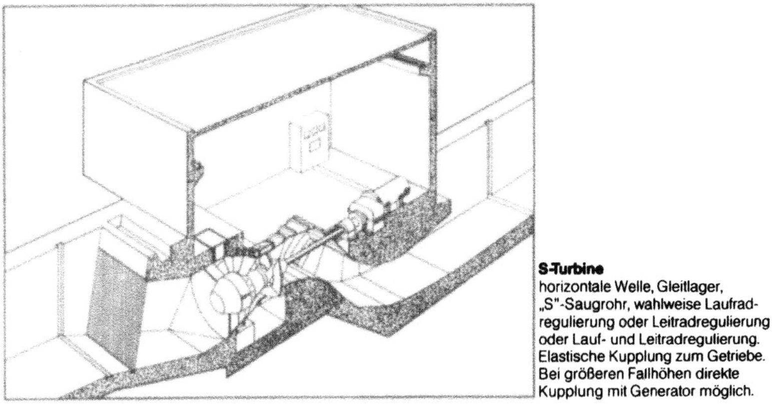

Bild 2.10: S-Turbine /2/

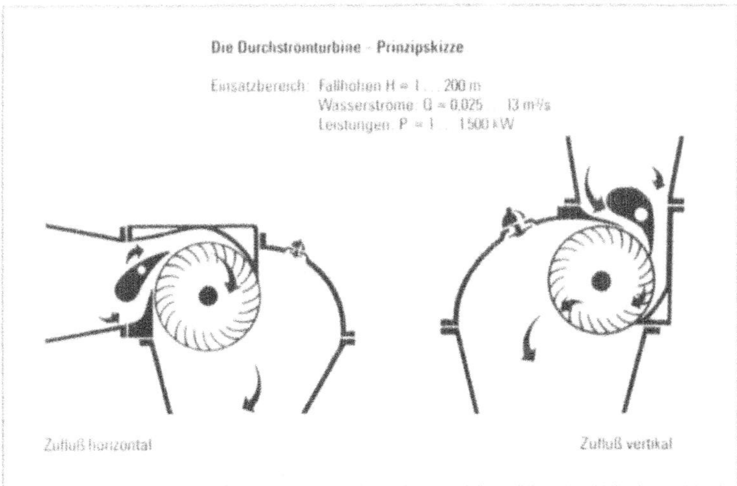

Bild 2.11: Durchström-Turbine

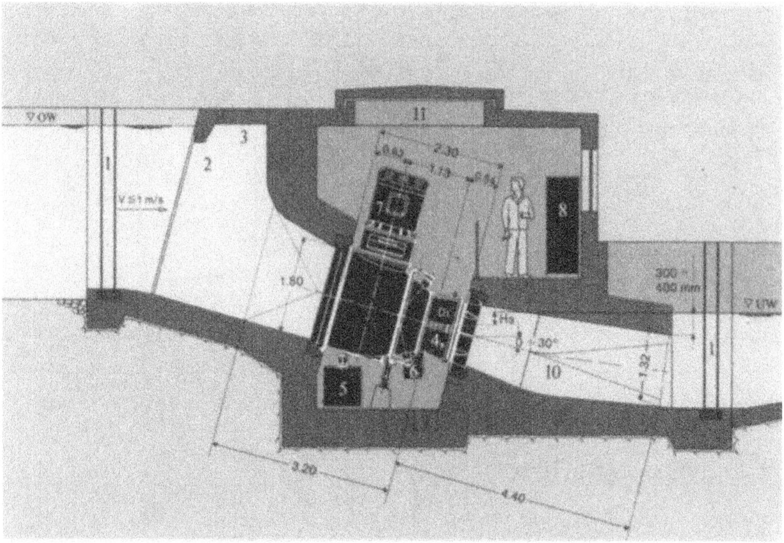

Bild 2.12: **Kegelrad-Rohrturbine /3/**

2.3 Literaturhinweise

Definitionsgemäß will dieser Leitfaden kein Lehrbuch sein. Deshalb wird bei Interesse empfohlen, für weitergehende Informationen auf die vorhandene umfangreiche Fachliteratur zurückzugreifen.

/1/ VOB, Verdingungsordnung für Bauleistungen A und B, Beck-Texte, DTV, 1986, 7. Auflage (15. Auflage 1994).

/2/ Voith, Mitteilungen.

/3/ Escher-Wyss, Mitteilungen.

<u>weitergehende Literatur:</u>

- Bohl, „Strömungsmaschinen 1 - Aufbau und Wirkungsweise", Vogel-Verlag, 3. Auflage (5. Auflage 1990).
- Bohl, „Strömungsmaschinen 2 - Berechnung und Konstruktion", Vogel-Verlag, 3. Auflage (4. Auflage 1991).
- Mosonyi, „Wasserkraftwerke", Band 1 + 2, VDI-Verlag, Düsseldorf, 1966.
- Mosonyi, Neuauflage „Low-Head Power plants", Akadémiai Kiadó, Budapest, 1987.
- Pfleiderer/Petermann, „Strömungsmaschinen", Springer-Verlag, Berlin, 1972 (6. Auflage 1991).
- Sulzer, Mitteilungen.

3 Elektromechanische Ausrüstung kleiner Wasserkraftwerke

INTERNATIONALE ELEKTROTECHNISCHE KOMMISSION (IEC)

TECHNISCHER AUSSCHUSS (TC) NR. 4:

HYDRAULISCHE TURBINEN

Das Kapitel 3 des „Leitfadens für den Bau von Kleinwasserkraftanlagen“ umfaßt den von der Internationalen Elektrotechnischen Kommission (IEC) erarbeiteten Entwurf des „Electro-Mechanical Equipment Guide for Small Hydro-Electric Plants“. Dieser Entwurf wurde inzwischen in überarbeiteter Form als IEC-Norm 1116:1992 „Electro-Mechanical Equipment Guide for Small Hydro-Electric Installations“ veröffentlicht.

(Übersetzt von der Badenwerk AG, Karlsruhe, im Auftrag des Wasserwirtschaftsverbandes Baden-Württemberg. Diese Übersetzung ist von der Deutschen Elektrotechnischen Kommission im DIN und VDE (DKE) nicht geprüft worden. Sie wird mit Erlaubnis der DKE wiedergegeben.)

Folgende Änderungen zum Original wurden vorgenommen:

- Die Abschnittsnumerierung wurde dem „Leitfaden“ angepaßt
- Anhang 3 (Appendix A) liegt gekürzt vor
- Die Bilder sind entsprechend der „Leitfaden“-Numerierung durchgehend gekennzeichnet:
  Abb. 1 --> Bild 3.1, Abb. 2 --> Bild 3.2, Abb. 3 --> Bild 3.3, Abb. 4A --> Bild 3.4, Abb. 4B --> Bild 3.5,
  Abb. 4C --> Bild 3.6, Abb. 4D --> Bild 3.7, Abb. 5 --> Bild 3.8, Abb. 6A --> Bild 3.9, Abb. 6B --> Bild 3.10, Abb. 7 --> Bild 3.11, Abb. 8 entfällt, da Anhang A gekürzt (die Bilder selbst wurden unverändert übernommen).
  Tabelle I --> Tabelle 3.1
  Tabelle II --> Tabelle 3.2
  Appendix A --> Anhang 3

3.1 Allgemeines

3.1.1 Anwendungsbereich

Das vorliegende Handbuch ist gültig für Wasserkraftwerke mit einer Maschinenleistung je Turbinensatz unter 5 MW und Laufraddurchmessern unter 3 m. Diese Daten sollen allerdings keine Absolutwerte darstellen.

Es befaßt sich ausschließlich mit den direkten Beziehungen zwischen dem Abnehmer bzw. beratenden Ingenieur und dem Lieferanten. Fragen des Bauwesens sowie verwaltungstechnische oder wirtschaftliche Probleme werden nicht behandelt.

3.1.2 Zielsetzung

Das Handbuch ist für diejenigen bestimmt, die mit der Installation hydraulischer und elektrischer Ausrüstungen für kleine Wasserkraftanlagen zu tun haben.

Vorwiegend sollen dem Käufer hydroelektrischer Ausrüstungen mit diesem Handbuch praxisbezogene Informationen geliefert werden, die ihm helfen bei

- der Vorbereitung einer Angebotsausschreibung
- der Auswertung der Angebote
- den Kontakten zum Lieferanten in der Projekt- und in der Herstellungsphase
- der Qualitätskontrolle während der Produktion und bei den Prüfungen im Werk
- der Verfolgung der Montagearbeiten vor Ort
- der Inbetriebnahme
- der Abnahmeprüfung
- Betrieb und Instandhaltung.

Das Handbuch enthält:

a) allgemeine Bestimmungen für die elektromechanische Ausrüstung kleiner Wasserkraftanlagen,
b) technische Spezifikationen der Ausrüstung, allerdings ohne Bezug auf deren Dimensionierung und Standardisierung,
c) Bestimmungen für Abnahme, Betrieb und Instandhaltung.

Bei gegebenem Anlagentyp müssen die Unterlagen zwar einerseits so einfach und verständlich wie möglich sein, andererseits aber ganz exakt die speziellen Betriebsbedingungen definieren. Die Wirtschaftlichkeit eines Projekts kann durch ein Übermaß an Spezifikation beeinträchtigt werden.

Aufgrund seiner Zielsetzung geht das Handbuch weder auf die Planungsphase ein, d. h. auf Voruntersuchungen und Machbarkeitsstudien, noch auf wirtschaftliche Aspekte wie den der Bedarfsforschung und des Stromabsatzes.

Schließlich ersetzt es keineswegs die für die Auswahl, die Untersuchung, die Herstellung, die Installation und die Prüfungen der Ausrüstung erforderlichen technischen Studien. Es dient ausschließlich dazu, die Aufmerksamkeit des Käufers auf diejenigen wichtigen Daten und Angaben zu richten, die beim Bau einer kleinen Wasserkraftanlage zu beschaffen, festzulegen und zu prüfen sind.

3.1.3 Normen

Die für die Erstellung der technischen Unterlagen gültigen IEC-Normen sind im Literaturverzeichnis des Kapitels 3 aufgelistet. Bei kleinen Anlagen sind entsprechende Vereinfachungen erforderlich.

Da die IEC-Normen nicht alle Ausrüstungsteile und Geräte abdecken, kann für bestimmte Elemente auch auf die ISO-Normen zurückgegriffen werden; im Zweifelsfalle sind jedoch immer die IEC-Bestimmungen zu befolgen.

3.1.4 Terminologie

Siehe Anhang 3.

3.1.5 Methodik

Um den Ablauf der erforderlichen Schritte beim Bau einer kleinen Wasserkraftanlage zu verdeutlichen, haben wir ihn in Form eines Organigramms dargestellt (Bild 3.1).

Im wesentlichen umfaßt er die Vorbereitung der technischen Spezifikationen, die Prüfung der Angebote, die Herstellung und schließlich den Betrieb und die Wartung der Ausrüstung.

Dabei wird auch die Interaktion zwischen den verschiedenen Phasen und den Verantwortlichen (beratender Ingenieur, Bauleiter und Betreiber) erkennbar.

Verfügt das Käuferunternehmen weder über eigene Fachleute noch über einen beratenden Ingenieur, kann es sich auch, um den Kontakt zu den Auftragnehmern zu vereinfachen, für ein „schlüsselfertiges“ Projekt entscheiden oder zumindest einen Hauptlieferanten bestimmen, der die Verantwortung für die gesamte oder einen Teil der elektromechanischen Ausrüstung trägt (z. B. für den Maschinensatz oder für die komplette Technik von der Turbine bis zum Leistungsschalter).

3.2 Beschreibung der Anlage und der Betriebsbedingungen

Die nachfolgenden Angaben und Daten sind in der Regel für den Lieferanten wichtig und sollten daher bereits in der Angebotsausschreibung enthalten sein. Sollte es vorkommen, daß in manchen Fällen nicht alle Daten rechtzeitig verfügbar sind, so steht jedoch grundsätzlich fest, daß das Verständnis für das Projekt um so besser ist, je ausführlicher die gelieferten Informationen sind. Dementsprechend wird dann auch die technische Lösung besser werden.

3.2.1 Standortbedingungen

- Bereitstellung von Unterlagen über die Terrainbeschaffenheit (Draufsicht und Profilansicht) mit Höhenangaben und Markierung der gewünschten Standorte der wichtigsten Anlagenteile (Bild 3.4), Einlaufbereich, Speicherbecken, Kanal oder Stollen, Wasserschloß oder Ausgleichsbecken, Druckleitung, Krafthaus, Oberwasserspiegel, Abflußkanal sowie deren wichtigste Merkmale (Querschnitt, Länge, Material der Kanäle und Leitungen usw.); Angaben über die Beschaffenheit des Untergrunds (Sand, Fels, Lockergestein usw.).
- Erweiterung der o. g. Unterlagen durch numerierte Fotos, die die geplanten Standorte der Hauptanlagen zeigen.
- Übersendung einer chemischen Wasseranalyse mit Angabe der Temperaturextremwerte und, wenn erforderlich, einer Siebanalyse der festen Bestandteile im Einlaufbereich oder am Austritt des Sandfangs, wenn vorhanden. Gegebenenfalls Hinweis auf lebende Organismen, Wasserpflanzen usw.
- Angabe der örtlichen klimatischen Bedingungen: Extremwerte der Lufttemperatur, Luftfeuchtigkeit, Auftreten von Stürmen, Erdbebengefährdung usw.
- Hinweis auf Beschränkungen für den Transport und bei Zufahrten.
- Auf besondere, für das Land des Käuferunternehmens spezifische Montagebedingungen (siehe 3.4.1.4) kann ebenfalls bereits in der Angebotsausschreibung hingewiesen werden.
- Angabe, ob es sich um ein Laufwasserkraftwerk (Bild 3.3) oder ein Speicherkraftwerk handelt.

  Angabe, ob besondere Betriebsbedingungen bestehen: Mehrzweckanlage, Umwelt, Fischerei usw.

Angabe und Beschreibung (mit Skizze) der Einrichtungen, die zu einer bereits bestehenden Anlage gehören und eventuell weiterverwendet werden sollen.
- Angabe, ob das Kraftwerk besetzt sein wird oder nicht.

3.2.2 Hydraulische Bedingungen der Anlage und Auslegungskriterien der Maschinen

- Angabe der zulässigen Höchst- und Niedrigstwasserstände in den Kanälen
- Lieferung einer Abflußdauerlinie (Bild 3.2) mit Angabe einschränkender Entnahmen für andere Zwecke (garantiertes Wasserdargebot, Bewässerung, Trinkwasser).
- Spezifizierung des geplanten Ausbaudurchflusses (Bild 3.2) Q_a in Kubikmetern pro Sekunde und der Verfügbarkeit pro Jahr in Tagen.
- Höhenangaben (Höhe über dem Meeresspiegel) im Einlaufbereich (Oberwasser) und im Bereich der Rückleitung des Triebwassers in das Flußbett (Unterwasser):

  a) Oberwasser: max. ... über NN min. ... über NN
  b) Unterwasser: max. ... über NN min. ... über NN
  c) zulässiges Stauziel: ... über NN

  mit folgenden Diagrammen:

  d) Kote Wasserspiegel - Abfluß (ober- und unterwasserseitig)
  e) Wasserspiegel - Volumen des Oberwasserbeckens (erforderlich im Falle eines Speicherkraftwerks).

- Spezifizierung der gewünschten Leistung und der entsprechenden Betriebszeiten. Die Nettofallhöhen werden gemäß IEC 41 definiert. Die Durchströmturbinen mit Saugrohren werden als Reaktionsturbinen angesehen.
- Angabe der gewünschten Anzahl von Turbinensätzen.
- Definition der Bewertungsskriterien für den Wirkungsgrad im gesamten Betriebsbereich einschließlich Überlastbetrieb (Gewichtung des Wirkungsgrades entsprechend der in verschiedenen Betriebspunkten erzeugten Energie). Der Wert, der einem bestimmten Wirkungsgrad oder einer möglichen Überlast beizumessen ist, hängt ab von der Nutzungsdauer des betreffenden Betriebspunkts und der schließlich gewonnenen Energie. Die für die Anbieter gültigen Bestimmungen sind in Absatz 3.3.5 aufgeführt.

Bemerkungen:

Bei Wasserkraftwerken mit kleiner Fallhöhe und kurzem Einlaufbereich ist darauf zu achten, daß durch entsprechende Gestaltung des Einlaufs hydrodynamische Probleme wie Wirbelbildung und Lufteinzug vermieden werden.

Eine strömungsgünstige Wasserführung ist wesentliche Voraussetzung für eine Minimierung des Druckverlustes (Differenz zwischen Brutto- und Nettofallhöhe).

3.2.3 Die elektrischen Bedingungen für den Betrieb der Anlage

Die elektrischen Bedingungen und Forderungen für den Betrieb der Anlage sind in Absatz 3.2.3.1 und 3.2.3.2 dargelegt.

3.2.3.1 Die Anlage ist für Inselbetrieb vorgesehen

a) ohne eine weitere Energiequelle im Inselbetrieb:

Im Inselnetz muß manuell ohne fremde Energiequelle angefahren werden können.

I)	erforderliche Netzspannung	 V
	Toleranz (bei Dauerbetrieb)	+....% -....%
II)	Netzfrequenz	..... Hz
	Toleranz (bei Dauerbetrieb)	+....% -....%
III)	vom Netz geforderte ganzjährige Mindestleistung	.... kW
IV)	für das Netz zulässige Laständerungsgeschwindigkeit (zur Bestimmung, ob ein Schwungrad erforderlich ist)	.... kW
V)	für das Netz zulässige Werte der Laständerung	+... kW -... kW
VI)	Leistungsfaktor (cos ϕ)	.....

b) bei dauerndem Parallelbetrieb mit einem anderen Energieerzeuger, der wie folgt definiert wird:

I)	Wasserkraftmaschinensatz: Mindestleistung	Typ .... kW
II)	thermischer Maschinensatz:	Typ ....
III)	Merkmale des Generators (Synchron- oder Asynchrongenerator):	
	- Nennspannung	 V
	- Nennfrequenz	...... Hz
	- Nennleistung	...... kVA

- Schwungmoment der drehenden Teile GD^2 ...... $kg \times m^2$
- Leistungsfaktor (cos ϕ) ......

IV) Merkmale des Turbinenreglers

Die Netzbedingungen sind wie unter 3.2.3.1.a) Punkt I) bis IV) zu definieren.

V) Merkmale des Spannungsreglers (Übernahme der Blindleistung)

c) Verbraucherlast: tages- und jahreszeitlich bedingte Lastschwankungen

Leistung (kW)	Minimum	Durchschnitt	Maximum
passive Last (Beleuchtung, Heizung, Trocknung ...)			
aktive Last (Elektromotoren)			
GESAMTLAST			

Zur Bestimmung der Regelungsmethode und des Reglers müssen die täglichen, wöchentlichen und jahreszeitlichen Laständerungen (Lastkurve) bekannt sein.

Ein Hinweis, ob es Verbraucher mit und ohne Priorität gibt (Lastabwurf), ist hilfreich bei der Auslegung des Reglers.

3.2.3.2 Das Kraftwerk ist für Parallelbetrieb mit einem Versorgungsnetz, das die Frequenz bestimmt, vorgesehen

a) Merkmale des Versorgungsnetzes

I) Spannung V

Toleranz +.... % -.... %

II) Frequenz ..... Hz

Toleranz +.... % -.... %

III) Kurzschlußleistung ..... kVA

(an der Verbindungsstelle zum Versorgungsnetz)

IV) Leistungsfaktor (cos ϕ) .....

b) Scheinleistung des größten Generators im Netz ..... kVA

- Übertragung und Lastverteilung

Folgende Zeichnungen sind mitzuliefern:

- eine Gesamtübersicht des vorgesehenen Netzes bei Inselbetrieb;
- eine Zeichnung, die den Netzanschluß darstellt, wenn mit einem Versorgungsnetz parallel gearbeitet wird.

Aus diesem Plan sollten auch die wichtigsten Energieverbraucher und -erzeuger hervorgehen.

Des weiteren ist über mögliche Netzveränderungen zu informieren.

3.2.4 Regelungs- und Betriebsarten

3.2.4.1 Frequenzregelung

Wenn Maschinensatz oder Anlage in einem Inselnetz gefahren werden oder sie einen wichtigen Teil des betreffenden Netzes darstellen, ist ein Regler für konstante Netzfrequenz bei Laständerungen erforderlich.

Bei kleinen Maschinensätzen und reichlichem Wasserdargebot ist eine vereinfachte Regelung dadurch möglich, daß die Turbine ständig mit Vollast betrieben und die Überschußenergie ungenutzt abgeführt wird.

3.2.4.2 Wasserstandsregelung

Es ist anzugeben, ob der Wasserstand ober- und unterwasserseitig mit Hilfe der Maschinensätze oder anderer Organe konstant bzw. innerhalb eines Bereichs gehalten werden muß. Ist dies der Fall, ist eine pegelabhängige Regelung der Turbinenöffnung erforderlich. Dies trifft in der Regel für Laufwasserkraftwerke (mit Standort im Fluß oder Stichkanal) oder für an Bewässerungskanäle angeschlossene Anlagen zu.

Hinweis: Beim Inselnetz kann die Regelung entweder pegel- oder frequenzabhängig erfolgen, nicht aber sowohl als auch.

3.2.4.3 Durchflußmengenregelung

Es ist anzugeben, ob die Turbinen für gleichbleibenden oder einen programmgesteuerten Durchfluß bestimmt sind.

Hinweis: Beim Inselnetz kann entweder der Durchfluß oder die Frequenz geregelt werden, aber nicht beide gleichzeitig.

3.2.4.4 Vereinfachte Regelung

Ist die Anlage Teil eines die Frequenz bestimmenden Versorgungsnetzes, dann können die Maschinengruppen mit vereinfachten Reglern ausgerüstet werden, die die Turbinenöffnung entweder pegel- oder lastabhängig regeln. Die Stabilität dieses Systems ist jedoch gefährdet, wenn ein Teil des Fernleitungsnetzes infolge eines Störfalls abschaltet.

3.2.5 Automation, Datenfernübertragung, Fernsteuerung und Überwachungseinrichtungen

- Es ist anzugeben, ob für das Anfahren und Abstellen der Maschinen Personal zur Verfügung steht oder ob der Personaleinsatz minimiert werden soll.
- Bei unbesetzter Anlage sollte angegeben werden, wo die Meldungen zu installieren sind.
- Es ist anzugeben, ob das Anfahren, das Synchronisieren, die Lastübernahme und das Abstellen

  I) manuell
  II) und/oder automatisch
  III)und/oder ferngesteuert erfolgen soll.
  (In diesem Fall sind der Standort der Steuerzentrale sowie die Signalübertragung und ihre Methode anzugeben.)

- Bei einer Anlage mit Speicherbecken und mehreren Maschinensätzen ist anzugeben, ob das Speicherwasser manuell oder automatisch gesteuert werden soll (programmgesteuerter Einsatz).
- Es ist anzugeben, ob das geplante Kraftwerk eventuell weiteren Stromerzeugern als Steuerzentrale dienen soll.

3.3 Spezifikation der Ausrüstung

Die folgenden Hinweise sollen als Hilfestellung bei der Ausarbeitung der technischen Spezifikationen und beim Vergleich der Angebote über die wichtigsten Ausrüstungsteile kleiner Wasserkraftanlagen dienen.

3.3.1 Technische Anforderungen

Neben der Materiallieferung muß der Hersteller folgende Anforderungen erfüllen:

- Anpassung der vorgeschlagenen technischen Lösungen an die örtlichen Gegebenheiten der Staustufe und an die betrieblichen Erfordernisse.
- Rechtzeitige Übermittlung der für die Bauarbeiten erforderlichen Daten, so daß bei deren Konzeption die Erfordernisse der elektromechanischen Ausrüstung berücksichtigt werden können (Übergabe und Prüfung der Baupläne, Abmessungen, Belastungen usw.).
- Zurverfügungstellung der für Montage, Flutung, Betrieb und Instandhaltung erforderlichen Unterlagen.

3.3.2 Liefergrenzen

Die Abgrenzung muß für jedes Gewerk eindeutig definiert sein. Es ist nachzuprüfen, daß kein Teil ausgelassen wurde.

3.3.2.1 Hydraulisches System

Auf der Oberwasserseite können, wenn vorhanden, Einlaufrechen und Rechenreinigungseinrichtung die Grenze bilden, das erste Absperrorgan (Dammbalken oder Schütz) oder aber jeder andere geeignete Schnitt.

Unterwasserseitig können das Ende des Saugrohrs oder, sofern vorhanden, die Schlitze für Dammbalken oder Schütz als Grenze definiert werden.

3.3.2.2 Elektrisches System

Hierunter kann die gesamte elektrische Anlage bis zum Anschluß an das externe Netz (vom Käufer zu definieren) verstanden werden.

3.3.2.3 Im allgemeinen im Auftrag nicht enthaltene Lieferungen

Im allgemeinen nicht im Auftrag enthalten sind

- Bauarbeiten
- Datenfernübertragung und Fernsteuerung.

3.3.3 Spezifikation der Ausrüstung

Auch angesichts der für eine kleine Wasserkraftanlage geltenden Forderung nach einfacher Ausführung sind es doch die Auswahl qualitativ hochwertiger Materialien, gute technische Lösungen und gute Maschineneigenschaften, die die Zuverlässigkeit und Langlebigkeit der Anlage ausmachen.

3.3.3.1 Einlaufrechen und Reinigungsanlage

Die Abstände zwischen den Stäben des Einlaufrechens sollten so groß wie möglich sein, jedoch kleiner als der kleinste stromabwärts gelegene Strömungsquerschnitt (z. B. Mindestabstand zwischen den Schaufeln einer Francis-Turbine). Der Rechen muß so ausgelegt sein, daß er auch eine Belastung in völlig verlegtem Zustand aushält.

Ist eine Rechenreinigungsanlage vorgesehen, so kann sie manuell oder automatisch gesteuert werden. Berücksichtigt werden müssen aber in jedem Fall die Beseitigung, der Transport und die Lagerung des Rechengutes.

3.3.3.2 Wasserstandskontrolle

Je nach Betriebsart des Kraftwerks kann die Wasserstandskontrolle sowohl zur Information als auch für Schutzmaßnahmen und Maschinennebensteuerung dienen.

Die Einrichtungen zur Wasserstandskontrolle sind in der Regel oberwasserseitig der Maschinensätze angeordnet (Einlaufbereich, Wehr usw.). In einigen Fällen kann es auch erforderlich sein, den Wasserstand im Bereich des Unterwasserspiegels (Mindestdurchfluß, Unterlieger usw.) zu kontrollieren.

In großer Entfernung vom Kraftwerk installierte Pegelmeßeinrichtungen müssen gegen Überspannung geschützt sein, desgleichen die Übertragungsleitung. Besonders wichtig ist dies bei Verwendung elektronischer Geräte.

Wie die anderen Installationen müssen auch die Schwimmereinrichtungen gegen Beschädigungen durch Dritte, durch Vereisung oder sonstige Umgebungseinflüsse geschützt sein.

Bei Anlagen mit kleiner Fallhöhe kann die Pegelkontrolle häufig auch am Turbineneingang im Kraftwerk erfolgen.

3.3.3.3 Absperrorgane

Der Maschinensatz sollte durch mindestens ein Absperrorgan (siehe Bild 3.7) gesichert sein, das im Notfall durch Spannungsausfall bzw. Spannungsübertragung aktiviert wird. Die Sicherung kann durch den Leitapparat selbst geschehen oder, bei Heberturbinen, durch Luftzufuhr.

Das Öffnen von Schützen und Absperrschiebern erfolgt in der Regel mittels Servomotoren und nach vorherigem Druckausgleich. Der Servomotor muß so ausgelegt sein, daß er das Organ auch ohne Druckausgleich öffnen kann.

Das Schließen muß aus Sicherheitsgründen unter allen Umständen gewährleistet sein:

a) Schließen der Schütze durch ihr Eigengewicht.
b) Schließen der Schieber und der als Sicherheitsschließvorrichtung fungierenden Leitschaufeln mittels Gegengewicht, sofern ohne Schließtendenz, oder einer Vorrichtung mit entsprechender Wirkungsweise. Um die einwandfreie und dauerhafte Funktionsfähigkeit der Damm-

balken und Schütze sicherzustellen, ist für ständige Parallelität der feststehenden Teile zu sorgen (Schlitze, Führungen).

Die Absperrschieber und Schütze sollten für einen Probedruck ausgelegt sein, der das Eineinhalbfache des maximalen Gesamtdrucks beträgt (einschließlich Druckstoß), und damit auch bei Rohrbruch in der Lage sein, den dann eintretenden größten Durchfluß abzusperren.

Die Dichtungsfrage ist eingehend zu prüfen und die zulässige Leckrate zu spezifizieren (z. B. in l/(min × m). Auswechselbare Dichtungen sind zu empfehlen.

Dammbalken

In bestimmten Fällen können diese Vorrichtungen als zweites, von der Turbine unabhängiges Absperrorgan fungieren.

Einlaufschütz und Einlaufschieber

Beim Einbau dieser Vorrichtungen müssen zur Vermeidung von Nachteilen für Druckrohrleitung und Maschinensatz das Schließgesetz und dessen Auswirkungen geprüft werden. Eine ausreichende Belüftung der unterhalb des Absperrorgans befindlichen Turbinenleitung ist erforderlich, um eine Implosion dieser Leitung oder größere Schäden in der Wasserführung zu vermeiden.

Notschlußorgane zum Schutz der Turbinen

Bei kurzer Wasserführung und vorhandenem Einlaufschütz kann auf diese Elemente u. U. verzichtet werden. Werden mehrere Turbinen über ein und dieselbe Zuführung versorgt, empfiehlt sich der Einbau separater Absperrorgane für die einzelnen Maschinensätze.

Bei Rohr- oder Kaplan-Turbinen kann ein Unterwasserschütz vorteilhaft sein.

Die effektive Schließgeschwindigkeit der Absperrorgane erfordert genaueste Untersuchungen, die für den gegebenen Fall ein Optimum zwischen der Überdrehzahl der Turbinen und dem Druckanstieg in der Zuführung zum Ziel haben.

Entscheidend für dessen Verminderung ist eine niedrige Schließgeschwindigkeit (die somit die Auslegung des oberwasserseitigen hydraulischen Systems beeinflußt). Dies kann jedoch zu einer Erhöhung der Überdrehzahl führen.

3.3.3.4 Druckrohrleitung

In puncto Durchmesser und Wanddicke der Turbinenleitung sollte auf genormte Abmessungen zurückgegriffen werden. Dabei ist zu überprüfen, daß die Leitung einem Probedruck standhält, der das Eineinhalbfache des maximalen Gesamtdrucks einschließlich des Druckstoßes beträgt, der durch ein Absperrorgan oder infolge Turbinendurchgang hervorgerufen werden kann. Ein Wasserschloß an entsprechender Stelle im hydraulischen System trägt zu einer Verminderung der Druckschwankungen während dieser Betriebszustände bei.

In einigen Fällen empfehlen sich unterirdisch verlegte Leitungen zum Schutz vor Steinschlag, Lawinen oder Einfrieren.

Es ist zu prüfen, ob eine Rohrbelüftung erforderlich ist.

Ist die Turbine genau festgelegt, dann können die Berechnungen des Druckstoßes vom Hersteller durchgeführt werden.

Bei langen Leitungen und Ventilen kleinerer Wasserströme kann der Einsatz von Entlastungsschiebern (Druckregelung) in Betracht gezogen werden. Es handelt sich hierbei allerdings um ein Sicherheitsorgan, das sorgfältiger Inspektion und Wartung bedarf.

Für den Bau der Druckleitungen können je nach Einsatzfall anstelle von Stahl auch andere Materialien verwendet werden.

3.3.3.5 Turbine

Ohne hier in bezug auf die Bauart Einschränkungen machen zu wollen (siehe Bild 3.8), ist doch festzustellen, daß in den meisten Fällen Gleich- oder Überdruckturbinen (Aktions-/Reaktionsturbinen) zum Einsatz kommen.

Bild 3.5 gibt in etwa den Einsatzbereich der größten Turbinenfamilien (Pelton-, Francis-, Kaplan-, Propeller-, Durchströmturbine) in Abhängigkeit von Fallhöhe und Durchsatz an. Die typabhängigen Betriebsbereiche innerhalb der einzelnen Familien sind unterschiedlich groß. Ihre Grenzen werden vom jeweiligen Hersteller festgelegt.

Grundsätzlich müssen die Turbinen entsprechend der jeweiligen Wasserqualität möglichst widerstandsfähig gegen Kavitation und Korrosion sowie der dadurch reduzierten Betriebsfestigkeit sein.

Das Material der Maschinen, besonders des Laufrades und anderer Verschleißteile, muß einfach zu reparieren sein. Jeder Fall ist dabei individuell zu analysieren unter Berücksichtigung der jeweiligen Betriebsbedingungen (Laufzeit und Stillstandszeit).

Generell sollten alle Zapfen und Achsen aus rostbeständigem Material gefertigt und die entsprechenden Lager selbstschmierend sein.

Die Anordnung des Maschinensatzes - vertikal, horizontal oder schräg - ist entscheidend für den Umfang der Tiefbauarbeiten bzw. später für bequeme Zugänglichkeit und Wartungsfreundlichkeit.

3.3.3.5.1 Aktionsturbine (Pelton-Turbine)

Die Absperrorgane dieser Turbine sollten Schließtendenz haben, die bei Lastabwurf wirksam wird. Der Ablenker, wenn vorhanden, muß schnell, die Düsennadel dagegen langsam aktiv werden (Verringerung des Druckstoßes).

Düsenmund und Düsennadel müssen höchstwiderstandsfähig gegen Abrasion und leicht austauschbar sein.

Die Laufradbecher sind ebenfalls starker Abrasion ausgesetzt und sollten daher leicht reparabel sein. Außerdem unterliegen sie infolge der Wirkung des Wasserstrahls einer dauernden Wechselbeanspruchung. Sorgfältige Materialwahl, ein guter konstruktiver Entwurf und, ganz allgemein, ein möglichst niedriges Spannungsniveau sind deshalb erforderlich.

3.3.3.5.2 Reaktionsturbine (Francis-, Kaplan-, Propellerturbine)

Im allgemeinen gilt: je höher die Turbine in bezug auf den Unterwasserspiegel angeordnet ist, desto größer muß sie sein und desto niedriger muß - wegen der Kavitationsgefahr - ihre Drehzahl sein; bzw. je tiefer die Anordnung, desto kleiner können die Abmessungen und desto höher die Drehzahlen sein - desto teurer sind im allgemeinen allerdings auch die Tiefbauarbeiten.

Die Lager und Zapfen des Leitapparates sollten selbstschmierend gelagert sein. Ein spezielles Element (Sicherheitslenker, Bruchbolzen o. ä.) ist vorzusehen, das trotz einer blockierten Leitschaufel das Schließen des Leitapparates ermöglicht.

Die für die festen und beweglichen Teile (besonders für die Laufradlabyrinthe) verwendeten Materialien sollten widerstandsfähig gegen Abrasion sein. Je nach Turbinengröße und Betriebsbedingungen ist eine einfache Demontage der Labyrinthe, Laufräder und Verbindungselemente anzustreben.

Die Dichtungsart der Turbinenwelle sollte sorgfältig geprüft werden und so konstruiert sein, daß sie leicht demontiert und ausgetauscht werden kann.

3.3.3.5.3 Führungs- und Axiallager

Die Anzahl der Lager des Wellenstrangs sollte möglichst gering sein. Turbinen und Generatorlager müssen beim Entwurf als ein System untersucht werden. Bei der Entscheidung, ob Gleit-, Kugel- oder Rollenlager eingesetzt werden sollen, ist deren Beständigkeit in bezug auf Schwingungen, vagabundierende Ströme und Maschinendurchgang ausschlaggebend.

Bei entsprechender Maschinengröße können einfachheitshalber selbstschmierende Lager vorgesehen werden.

3.3.3.5.4 Wellenkupplung - direkt oder mit Übersetzungsgetriebe

Die Kupplung zwischen Turbine und Generator kann direkt erfolgen oder über ein Übersetzungsgetriebe, das den Einsatz genormter oder schnellaufender kleiner Generatoren ermöglicht. Am häufigsten werden hier Riemen- oder Zahnradgetriebe eingesetzt. Bei Zahnradgetrieben muß an folgende Punkte gedacht werden: Wirkungsgrad, Verhalten bei Durchgang, Geräuschentwicklung, Schwingungseigenschaften, Lebensdauer der Wälzlager.

Zur Vermeidung von Ausrichtproblemen, besonders bei horizontalen Maschinensätzen mit langen Wellensträngen, ist die Verwendung von elastischen Kupplungen vorteilhaft. In diesem Fall ist die kritische Drehzahl zu prüfen.

3.3.3.5.5 Überwachung und Schutz

Prinzipiell sind zwei Schutzebenen zu definieren: Meldung und Auslösung.

Folgende Größen werden normalerweise überwacht:

a) Drehzahl
b) Ölstand in den Lagern
c) Zirkulation des Schmiermittels
d) Ölstand des Regelsystems
e) Ölstand des Getriebes
f) Lagertemperatur
g) Öltemperatur des Regelsystems
h) Öltemperatur des Getriebes
i) Öldruck des Getriebes
j) Zirkulation des Kühlwassers.

Eine sofortige Abschaltung muß erfolgen bei Störungen bezüglich der Punkte a), c), i) und j). In Bezug auf b), d), e), f) und g) kann in überwachten Anlagen zunächst nur Alarm ausgelöst werden. Erfolgt jedoch kein korrigierender Eingriff, kommt es zur Abschaltung. In einigen Fällen wird auch eine Bremse verwendet, um die Auslaufzeit der Maschinen zu reduzieren.

Größere Maschinen, die nicht längere Zeit bei Durchgang laufen können, verlangen ggf. nach Gegenmaßnahmen (möglichst zwei voneinander unabhängige Schutzvorrichtungen).

Ober- und unterwasserseitig sind Druckmeßstellen vorzusehen für Test- und Betriebsüberwachungszwecke.

3.3.3.5.6 Regelung

Es muß angegeben werden, ob der Betrieb parallel zu einem Versorgungsnetz erfolgen oder ob ein isoliertes System gespeist werden soll. Eine dazwischen liegende Lösung wäre ein Kraftwerk, das nur über eine einzige lange Übertragungsleitung mit dem Versorgungsnetz verbunden ist.

A) Parallelbetrieb mit einem großen Versorgungsnetz

Der Regler wirkt auf die Turbinenverstelleinrichtung über mindestens ein Proportionalventil mit Rückführung von der Öffnung.

Die geregelten Größen können sein:

a) Durchsatz
b) Oberwasserstand (Laufkraftwerke ohne Überlauf)
c) Leistung.

B) Inselbetrieb

Der Drehzahlregler wirkt auf die Turbinenverstelleinrichtung über mindestens ein Proportional- und Integralglied mit Rückführung von Öffnung und Drehzahl.

Bei der Betrachtung des gesamten hydraulischen Systems ist ein Kompromiß zwischen der Regelqualität und ihren Kosten anzustreben (Schwungmoment und Drehzahl der Maschinen, Druck- und Drehzahländerungen).

Die Güte der Frequenzregelung des zu versorgenden Netzes (Schwankungsbreiten und Reaktionsgeschwindigkeiten) und ihr Einfluß auf den hydraulischen Kreislauf (Druckänderungen) müssen exakt definiert werden. Für den Lieferanten müssen gemäß Absatz 3.2.4.2 wichtige Angaben in der Angebotsausschreibung enthalten sein.

Für beide Betriebsarten ist eine Untersuchung des Verhaltens bei Lastabwurf (Druckanstieg, Druckabfall, Überdrehzahl usw.) erforderlich. Die Auswirkungen sind für das hydraulische System (Wanddicke der Druckrohrleitung, Werkstoffe) und für die Maschinenkonstruktion (Lager, Schwungrad, Spiele in den Dichtungen, Übersetzungsgetriebe usw.) wichtig.

Das Regelsystem sollte über eine ausreichende Leistungsreserve verfügen, um eine Notabschaltung sicherzustellen.

Der Regler wirkt normalerweise auf ein Öldrucksystem. Das gleiche Regelsystem kann auch für den Betrieb der Absperrorgane verwendet werden.

Bei Maschinen mit kleiner Leistung kann die Regelung einfachheitshalber auch elektromechanisch statt ölhydraulisch erfolgen.

Hat das Kraftwerk mehrere Maschinensätze (siehe 3.2.2, Abs. 6), dann müssen die Gesetze der Lastverteilung bekannt sein. (Sie können dem Betreiber Hinweise für die Betriebsführung geben oder die Einstellung der erforderlichen Statik bzw. des Proportionalgrades jeder Maschine bestimmen.)

3.3.3.5.7 Zusatzeinrichtungen für die Turbine

A) Kühlsystem

Aus Gründen der Einfachheit sollten nach Möglichkeit selbstkühlende Lager vorgeschrieben werden.

Es muß sicher sein, daß die der Berechnung des Kühlsystems zugrundeliegenden Annahmen mit den tatsächlichen Umgebungsbedingungen (Wasser/Luft) übereinstimmen.

B) Schmierung

Öle aus örtlicher Lieferung müssen den Schmiervorschriften entsprechen. Der für den Einsatz des Schmiermittels vorgeschriebene Temperaturbereich muß bekannt sein und ist einzuhalten.

C) Aufbereitung und Filtern des Wassers für die Hilfseinrichtungen

Vorzugsweise wird sauberes Wasser verwendet. Den Schutz der Einrichtungen vor Unreinheiten besorgt eine Filtervorrichtung. Solche Probleme kann ein geschlossenes Kühlsystem mit Wärmetauscher ausschließen.

D) Wasserführung

Für die Abführung des Leckwassers und die Entleerung der Maschinen sind entsprechende Einrichtungen vorzuschreiben.

E) Zusatzleitungen

Um eine galvanische Korrosion zu vermeiden, sollte darauf geachtet werden, daß die Metalleitungen auf ihrer gesamten Länge aus ein und demselben Material bestehen. Absperrschieber aus sprödem Material wie Grauguß sind mit Vorsicht und nur bei niedrigen Drücken zu verwenden.

3.3.3.6 Generator

Grundsätzlich gibt es als Wechselstromgeneratoren zwei Typen, den Synchrongenerator und den Asynchrongenerator (oder Induktionsgenerator). Welcher Generatortyp eingesetzt wird, hängt von den Daten des Netzes, an das der Generator angeschlossen wird, sowie von den an ihn gestellten betrieblichen Anforderungen ab.

Synchrongeneratoren werden in Inselnetzen eingesetzt oder dann, wenn der Maschinensatz für das Netz bestimmend ist. In einigen speziellen Fällen können aber auch Asynchrongeneratoren verwendet werden.

In großen Verbundnetzen können beide Generatortypen Verwendung finden.

Folgende Gesichtspunkte sollten vor der Entscheidung über die Wahl des Generatortyps unbedingt berücksichtigt werden:

- Der Synchrongenerator kann die Netzspannung regeln und dem Netz Blindleistung liefern. Er ist deshalb in jedem Netz einsetzbar.
- Der Betrieb des Asynchrongenerators ist einfacher, da er nur einen Drehzahlmesser zum Zuschalten ans Netz benötigt. Beim Zuschalten kommt es kurzzeitig zu einem Spannungseinbruch. Anschließend nimmt der Generator Blindleistung vom Netz auf. Soll eine Verbesserung des Leistungsfaktors erzielt werden, ist eine Kondensatorbatterie erforderlich. Der Wirkungsgrad eines Asynchrongenerators ist im allgemeinen niedriger als der eines Synchrongenerators.

Nach Möglichkeit sollten Serienmaschinen oder entsprechend angepaßte Maschinen eingesetzt werden. Die Serienmaschinen sind im allgemeinen für kleinere Überdrehzahlen (in der Regel für 1,25- bis 1,50-fache Nenndrehzahl) ausgelegt, als der Einsatz in Wasserkraftanlagen verlangt. Die Generatoren müssen deshalb im Hinblick auf die Durchgangsdrehzahlen der Turbinen überprüft werden.

Klimatische Bedingungen (Umgebungstemperatur, Höhe über NN, Luftfeuchte) können die Wahl der Isolations- und Erwärmungsklasse beeinflussen.

Das Kühlsystem des Generators ist zu bewerten. Wenn die Generatorverluste als Wärme ins Maschinenhaus abgegeben werden, muß eine entsprechende Maschinenhausbelüftung vorgesehen werden.

Wenn notwendig, ist eine (druckluft- oder ölbetriebene) Bremseinrichtung für den Maschinensatz vorzusehen.

3.3.3.6.1 Synchrongenerator

Im allgemeinen werden Synchrongeneratoren in einem Inselnetz eingesetzt. Bei normalen Einsatzfällen (außer unter extremen klimatischen Bedingungen) können für Ständer und Rotor empfohlen werden:

<u>Isolationsklasse F und Erwärmungsklasse B</u>

Aus Sicherheitsgründen sind die Maschinensätze mit Synchrongeneratoren für Dauerbetrieb bei Durchgangsdrehzahl auszulegen. Sollte sich diese Forderung nicht realisieren lassen, dann muß ein befristeter Zeitraum dafür angegeben werden.

a) Ständer: s. 3.3.3.6.2, a)
b) Rotor: Isolationsklasse F, Erwärmungsklasse B
c) Erregersystem:
   Es sollte ein möglichst wartungsarmes System gewählt werden (z. B. statische, bürstenlose Erregung).
d) Spannungsregeleinrichtung:
   Auch hier ist eine einfache Wartung anzustreben. Das System kann in die Steuerautomatik integriert werden.
e) Synchronisiereinrichtung:
   Sie kann manuell und/oder automatisch funktionieren. Die Synchronisierung sollte die Anpassung an die Spannung, die Frequenz und die Phasenlage umfassen. Diese Einrichtung ist normalerweise Teil der Automatik.
f) Leistungsfaktor:
   Der Nennleistungsfaktor liegt je nach Blindleistungsbedarf zwischen $\cos \phi = 0{,}8$ und 1,0

3.3.3.6.2 Asynchrongenerator

Asynchrongeneratoren werden in der Regel an ein Versorgungsnetz angeschlossen. Unter den Bedingungen wie bei 3.3.3.6.1 gelten folgende Empfehlungen:

a) Ständer: Isolationsklasse F und Erwärmungsklasse B
b) Rotor: Käfigwicklung, Isolationsklasse F und Erwärmungsklasse B

c) Spannung und Drehzahl: Durch entsprechende Wahl von Spannung und Drehzahl ist die Verwendung einer Standardmaschine möglich.

3.3.3.6.3 Trag- und Führungslager

Wie bei Turbinen (siehe 3.3.3.5.2).

3.3.3.6.4 Betriebsüberwachung und Schutz

Wie bei den Turbinen können auch hier zwei Schutzebenen unterschieden werden: Meldung und Auslösung.

Folgende Größen werden normalerweise überwacht:

a) Temperatur des Generatorständers
b) Überstrom (Ständer und Rotor)
c) Erdschluß mit Strombegrenzung (Ständer und Rotor)
d) Überspannung und minimale Spannung
e) Rückleistung
f) Über-/Unterfrequenz
g) Ölstand im Lagergehäuse
h) Lagertemperatur
i) Kühllufttemperatur.

Eine sofortige Ausschaltung muß erfolgen bei Störungen der Positionen b), c), d) und f). Bei den Positionen a), g) und h) kann es in bemannten Anlagen nur einen Alarm geben, damit korrigierende Eingriffe erfolgen können. Bleiben diese aus, dann ist eine anschließende Auslösung der Abschaltung möglich.

Bei gegebenem Anlaß empfiehlt sich ein Heizsystem zur Vermeidung von Kondensation.

Bei entsprechender Maschinengröße und/oder entsprechenden Umgebungsbedingungen kann ein Differentialschutz erwogen werden.

Folgende Instrumente für Überwachung und Schutz werden normalerweise empfohlen: Spannungsmesser, Strommesser, Wattmeter, Wattstundenzähler, Leistungsfaktoranzeiger, Drehzahlmesser, Betriebsstundenzähler, Synchronisiereinrichtung, Wasserstands- und/oder Druckanzeiger, Turbinenöffnungsanzeiger, Notabschalteinrichtung, Kurzschlußschutz, Überstromauslöser, Rückleistungsrelais, Frequenzmesser, Spannungsschreiber, Lagertemperaturschreiber.

3.3.3.7 Automatik

Merkmale und Umfang der Automatik hängen ab von der Betriebsart des Kraftwerks (überwacht, unbemannt, ferngesteuert), von der Qualifikation des Betriebspersonals usw.

Die Anlage kann über ein manuell zu bedienendes Schaltpult oder eine selbsttätige Ablaufsteuerung mit sämtlichen Steuer- und Kontrollfunktionen gefahren werden.

Die Entscheidung für die eine oder andere Lösung muß individuell und unter Berücksichtigung der Betriebsanforderungen und Herstellungskosten getroffen werden. Daher ist es sehr wichtig, die Folgen einer Panne (Abschaltung des Kraftwerks, Verfügbarkeit von Ersatzteilen, Möglichkeiten des manuellen Betriebs und Anfahrens usw.) einzukalkulieren.

Je nach Standort können zwei Steuerungsarten in Erwägung gezogen werden:

a) Vor-Ort-Steuerung (in Nähe zum Kontroll- oder Schutzobjekt)
b) Wartensteuerung (getrennt vom zu überwachenden Objekt innerhalb oder außerhalb der Anlage).

Bei der Entscheidung für die beste Lösung stehen immer die Einfachheit und Wirksamkeit im Vordergrund:

a) Die Automatik sollte so einfach wie möglich sein, um Pannen zu vermeiden und Stillstandszeiten gering zu halten.
   Außerdem sollte sie ein einfaches Auswechseln von Ersatzteilen gestatten. Modulare Ersatzelemente („hot stand by") tragen zu einer Reduzierung der Störungszeit bei.
b) Ein Anfahren im Handbetrieb ohne Stromversorgung („black start") muß zumindest vor Ort möglich sein (Inselbetrieb).

Die Bilder 3.9 und 3.10 zeigen beispielhaft zwei Schaltschemen für Asynchron- bzw. Synchrongenerator.

3.3.3.8 Maschinentransformator (siehe auch IEC-Publikation 76)

Im wesentlichen sind folgende Merkmale zu berücksichtigen:

a) Nennleistung
b) Zwei- oder Dreiwickler
c) Betriebsspannung und Spannungsregelung
d) Frequenz
e) Übersetzung
f) Schaltungsart
g) allgemeine Anordnung

h) Kühlungsart (vorzugsweise natürliche Konvektion)
i) Kurzschlußspannung.

Je nach Bauart und Größe des Transformators kann folgende Überwachung gewählt werden:

I) Temperatur
II) interner Defekt (bei Einheiten mit Ölfüllung empfiehlt sich ein Gasdetektor)
III) Erdschluß.

3.3.3.9 Hilfseinrichtungen

Schalter (siehe auch IEC-Publikation 56)

Folgende Einsatzmerkmale sind zu prüfen:

a) Abschaltleistung (Netz-Kurzschlußleistung beachten)
b) Betriebsspannung
c) Nennstrom
d) Isolationsklasse
e) Steuerungsart.

Trenner (siehe auch IEC-Publikation 129)

Die wichtigsten Merkmale sind:

a) Betriebsspannung
b) Nennstrom
c) Abschaltleistung
d) Isolationsklasse.

Eigenbedarfstransformator (siehe auch IEC-Publikation 76)

Der Eigenbedarf sollte ausgehend vom derzeitigen Bedarf zuzüglich einer gewissen Reserveleistung für spätere Änderungen und für Instandhaltungsarbeiten ausgelegt werden.

Meß- und Schutzwandler

Folgende Merkmale sollten berücksichtigt werden:

A) Spannungswandler

Spannungsregelungs-, Meß- und Schutzfunktion (besonders in bezug auf die Frequenz) (siehe auch IEC-Publikation 186).

a) Betriebsspannung
b) Spannungsreihe
c) Übersetzung
d) Kernzahl
e) Leistung jedes Kerns
f) Genauigkeitsklasse.

B) Stromwandler

Stromregelungs-, Meß- und Schutzfunktion (siehe auch IEC-Publikation 185).

a) Betriebsspannung
b) Übersetzung
c) Leistung
d) Genauigkeitsklasse
e) Kurzschlußverhalten.

Kondensatorbatterie (siehe auch IEC-Publikation 70)

Eine Kondensatorbatterie wird für Asynchrongeneratoren empfohlen. Sie dient der Verbesserung des Leistungsfaktors.

Hinsichtlich der Bemessungen der Kondensatorbatterie ist das Risiko der Selbsterregung zu berücksichtigen. Es muß geprüft werden, ob sie auf der Unter- oder Oberspannungsseite des Trafos angeordnet wird.

Netzanschluß

Der Netzanschluß kann ganz einfach über einen Leistungsschalter mit Schutz erfolgen.

Messung

Ein möglichst vielseitig verwendbarer Wattstundenzähler ist vorzusehen.

Erdung

Die Erdung verdient besondere Aufmerksamkeit, denn sie kann erhebliche Auswirkungen auf die Tiefbauten haben, in denen sie verlegt ist. Sie muß so ausgelegt sein, daß Personal und Ausrüstung vor Überspannungen durch starke Erdströme geschützt sind.

Gleichstromversorgung

In der Regel müssen Gleichstrombatterien und Ladegeräte für die Versorgung der Steuer-, Alarm- und Kontrolleinrichtungen verfügbar sein.

3.3.3.10 Ersatzteile und Spezialgeräte

Es ist wichtig, über ein Ersatzteillager für die am ehesten verschleißenden bzw. ausfallenden und für die sicherheitsrelevanten Elemente zu verfügen. Auf Austauschbarkeit und Einfachheit des Auswechselns ist zu achten; an Lieferzeiten und eventuelle Notmaßnahmen muß der Betreiber denken.

Spezialwerkzeuge für die Wartung der verschiedenen Anlagenteile müssen mitgeliefert werden, wenn sie nicht im normalen Handel erhältlich sind.

Ersatzteile und Spezialwerkzeuge müssen an einem geeigneten Ort gelagert werden.

3.3.3.11 Montagehilfsmittel

Montagehilfsmittel können vorübergehend für Montagezwecke installiert werden oder auch ganz oder teilweise für Wartungs- und Betriebszwecke vor Ort verbleiben. Es ist zu spezifizieren, ob sie Teil der Lieferung sind.

3.3.3.12 Korrosionsschutz

Bei Absperrorganen allgemein, besonders aber bei Dammbalken und Schützen, kommt es in der Regel zum Kompromiß, wenn es um die Kosten für den Oberflächenschutz einerseits und die Lebensdauer der Ausrüstung andererseits geht. Sofern es die Wirtschaftlichkeit des Projekts zuläßt, sollten die feststehenden Teile der Schütze bzw. Dammbalken geschützt werden, und zwar entweder durch entsprechende Materialwahl (nichtrostender Stahl, Aluminiumbronze) oder durch Korrosionsschutz (Anstrich, Opferelektrodenschutz usw.), der von den physikalischen und chemischen Eigenschaften des Wassers abhängt.

3.3.4 Garantien

3.3.4.1 Allgemeines

Die Garantien müssen in bezug auf Dauer, Inhalt und Haftungsfragen bei Nichterfüllung klar und eindeutig definiert sein.

Manche Garantien hängen von Inhalt und Form des Vertrags ab (Montage inbegriffen oder nicht, schlüsselfertig, ein oder mehrere Hersteller usw.).

Die Mindestgarantiezeit für die gesamte Ausrüstung beträgt ein Jahr. Für bestimmte Bestandteile (z. B. Turbinenlaufrad, Kugellager, Korrosionsschutz usw.) können jedoch vom Käufer andere Garantiezeiten festgesetzt werden.

Für Teile, die der Kavitation ausgesetzt sind, wird die Garantiezeit nach Betriebsstunden festgelegt (siehe auch IEC-Veröffentlichung 609).

Da dieses Handbuch auf sehr unterschiedliche Maschinentypen eingeht, versteht es sich von selbst, daß die folgende Aufzählung nicht vollständig ist. Die genannten Garantien sind wiederum nicht für alle Verträge gültig. Der Käufer muß daher ausgehend von Bauwerk, Maschinentyp, Betriebsart, Betriebsbedingungen u. a. Faktoren prüfen, welche Garantien tatsächlich für ihn relevant sind. Nicht übersehen darf er dabei, daß

a) sich die jeweiligen Garantien häufig auf den Preis niederschlagen
b) eine Garantievereinbarung nur dann sinnvoll ist, wenn ihre Einhaltung ausreichend genau überprüft werden kann
c) die Durchführung bestimmter Messungen technisch schwierig und kostenintensiv ist (z. B. Messung des Durchflusses zur Wirkungsgradbestimmung)
d) die Messung bestimmter Größen für den Betreiber nicht immer von Nutzen ist (z. B. des Turbinenwirkungsgrades, wenn der zur Verfügung stehende Wasserstrom die Schluckfähigkeit des Kraftwerks weit übersteigt). Relativ einfach und interessant hingegen ist die Messung von Leistung und Fallhöhe.

Das Lastenheft muß daher Art und Modalitäten der durchzuführenden Versuche feststellen sowie ihre Durchführung und Finanzierung.

Fallen in der Garantiezeit größere Reparaturen an, so erneuert sich die Garantie (mit identischer Laufzeit) für die reparierten oder ausgetauschten Teile.

Der Lieferant garantiert vertraglich die Funktionsfähigkeit und die Richtigkeit der technischen Angaben der von ihm gelieferten Ausrüstung. Ausgenommen von der Garantie sind Verschleißerscheinungen durch feste Stoffe (Sand), die im Wasser mitgeführt werden.

Im Abschnitt 3.3.1.4 werden Angaben zur Prüfung der Garantien gemacht. Bei Elementen aus der Serienfertigung genügt es im allgemeinen, die Versuchsprotokolle (Modell- oder Prototypversuche) anzufordern.

Reparaturen infolge von Nichteinhaltung der Garantie oder mangelhafter Lieferungen innerhalb der Garantiezeit gehen zu Lasten des Herstellers. Ausgenommen sind Defekte, die auf unsachgemäße Handhabung durch den Betreiber zurückzuführen sind.

Bei Nichterfüllung der Garantieklauseln kann die Annahme der entsprechenden Lieferung verweigert werden.

Die Garantien, die gefordert werden können, sind in den nachfolgenden Absätzen 3.3.4.2 bis 3.3.4.6 aufgeführt; sie müssen jedoch zu vernünftigen Bedingungen überprüfbar sein.

3.3.4.2 Absperrorgane

a) Funktionsfähigkeit
b) Dichtheit (Leckrate).

3.3.4.3 Turbine

a) Materialqualität
b) Qualität der Ausführung (gemäß Stand der Technik)
c) Durchgang (Drehzahl, mechanisches Verhalten)
d) Überdrehzahl und Druckanstieg
e) Leckrate der Leiteinrichtung
f) Kavitation (der quantitative Materialverlust an den betreffenden Turbinenteilen während einer Betriebsdauer von ca. 8.000 Stunden, aber von maximal 2 Jahren, kann Grundlage für eine Garantie sein)
g) Leistung
h) Wirkungsgrad
i) Temperaturen von Führungs- und Axiallagern (letztere können Teil des Generators sein).

Anmerkungen:

1. Die Punkte c), d), f), g) und h) erfordern die Angabe einer bestimmten Fallhöhe, zu der sie gehören.
2. Die Punkte f), g) und h) erfordern bei Asynchrongeneratoren zusätzlich eine Drehzahlmessung.

3.3.4.4 Generator

a) Materialqualität
b) Qualität der Ausführung (gemäß Stand der Technik)
c) Durchgang (Drehzahl, Verhalten)
d) Spannungsregelung
e) Erwärmung (Rotor und Ständer)
f) Lagertemperatur
g) Isolationsklasse
h) Leistung
i) Wirkungsgrad
j) Leerlauf- und Kurzschlußdaten
k) Verhalten bei einem 3-Phasen-Kurzschluß.

3.3.4.5 Regelung

Je nach Betriebsart der Anlage (Inselbetrieb oder netzparallel) sind die Anforderungen bezüglich Spannungs- und Frequenzstabilität sehr unterschiedlich.

Die Garantien umfassen:

a) Stabilität des Reglers
b) Empfindlichkeit der Regelung (Mindestabweichung der Drehzahl, die eine Korrektur zur Folge hat)
c) Erwärmung des Reglerö1s
d) Reaktion auf Netzstörungen.

3.3.4.6 Getriebe

a) Materialqualität
b) Qualität der Ausführung (gemäß Stand der Technik)
c) Grübchenbildung an den Zahnrädern
d) Leistung
e) Wirkungsgrad
f) Erwärmung
g) Lagerlebensdauer.

3.3.4.7 Anmerkungen zum gesamten Maschinensatz

A) Die Garantien bezüglich Leistung und Wirkungsgrad können entweder für den gesamten Maschinensatz (Turbine + Generator + ggf. Übersetzungsgetriebe) gelten oder für die Einzelaggregate. In letzterem Fall muß im Vertrag genau definiert sein, inwieweit die mechanischen Verluste von Radial- und Axiallager der Turbine, dem Generator oder dem Getriebe zuzuordnen sind.
B) Im Vertrag müssen eindeutig die Bedingungen festgehalten sein, unter denen die Garantien bezüglich Druckanstieg, Überdrehzahl und Durchgangsdrehzahl Gültigkeit habe (z. B. Generator ohne Belastung oder Erregung, Turbine gekoppelt oder nicht usw.).
C) Am Ende der Garantiezeit dürfen die Einzelaggregate des Maschinensatzes keine Mängel aufweisen, die zu Ermüdungsanrissen führen können.

3.3.4.8 Haupttransformator

a) Übersetzungsverhältnis an den verschiedenen Anschlüssen
b) Verluste
c) Isolationsgrad
d) Kurzschlußspannung

e) Erwärmung.

3.3.5 Allgemeine Bedingungen für die Angebotsausschreibung und den Vergleich der Angebote

Grundsätzlich hat eine Angebotsausschreibung den Lieferanten aufzuzeigen, was zu tun ist, nicht aber wie es zu tun ist. Damit soll ihrer Erfahrung Rechnung getragen werden. Der Auftraggeber sollte es so weit wie möglich der technischen Kompetenz der Lieferanten überlassen, wirtschaftlich günstige Lösungen zu finden.

Angesichts der relativ geringen Größe der Anlagen dürfen nicht zu hohe Ansprüche gestellt werden. Die Angebotsausschreibung muß also auf kleine Anlagen zugeschnitten sein. Es darf nicht passieren, daß man denselben Maßstab wie für eine Großanlage anlegt. Unverhältnismäßig hohe Kosten wären die Folge.

3.3.5.1 Hinweise an die Anbieter

Abgabedatum sowie Form und Inhalt der Angebote sollten eindeutig festgelegt werden, damit zunächst ihre Erstellung und später ihr Vergleich leichter durchzuführen sind. Auch muß der Anbieter wissen, ob Varianten vorgeschlagen werden können und, wenn ja, unter welchen Bedingungen.

Empfehlenswert ist eine Tabelle mit sämtlichen technischen Bedingungen, die vom Lieferanten bei der Ausführung des Auftrags einzuhalten sind. Einige dieser Daten können bereits in der Ausschreibung enthalten gewesen sein. Die Tabelle erleichtert den späteren Vergleich. Der Auftragnehmer vervollständigt sie schließlich, um sie dann, etwa bei der Projektübergabe, an den Auftraggeber zurückzugeben. Diese Tabelle könnte als „Datenblatt“ bezeichnet werden.

3.3.5.2 Allgemeine Vertragsbedingungen

Zu definieren sind sowohl die Beziehungen zwischen dem Auftraggeber und den verschiedenen Lieferanten als auch die jeweils gültigen Normen und Bestimmungen.

3.3.5.3 Angebotsvergleich auf technischer Basis

Wenn die Formalitäten der Angebotseröffnung (evtl. in Anwesenheit der Anbieter) abgeschlossen sind, beginnt der Angebotsvergleich.

Er kann nach folgendem Verfahren durchgeführt werden:

a) Ausführlicher technischer Vergleich, bei dem auch ein Maximum an brauchbaren Informationen über Referenzanlagen oder modellähnliche Ausführungen zusammengestellt wird.
   Die Anbieter sollten Erfahrungen mit diesen Ausrüstungen nachweisen können.
   In Tabelle 3.2 sind die wichtigsten Punkte aufgeführt, die die Vergleichsgrundlage bilden. Wenn möglich, sollten sie anhand bekannter Kriterien nach ihrer Wichtigkeit bewertet werden. Auf diese Weise können die Angebote auch für einen wirtschaftlichen Vergleich „harmonisiert“ werden.
b) Prüfung der Angebote auf ihre Übereinstimmung mit den von der Anlage bzw. vom Auftraggeber vorgegebenen Betriebsdaten (Leistung, Regelqualität usw.).
c) Untersuchung des technischen Zusammenpassens der Angebote mit den nicht zur Lieferung gehörenden Anlagenteilen, vor allem mit dem Bauwerk.
d) Prüfung der Lieferqualität, der technischen Eigenschaften, der hydraulischen Kenndaten, des Zeitplans für Herstellung und Lieferung.

Außerdem wird natürlich auch der Einfluß der Einzelpunkte des technischen Vergleichs auf die Wirtschaftlichkeit geprüft, wie andeutungsweise unter Punkt a) aufgeführt. Allerdings gehört dieser Schritt definitionsgemäß nicht zu diesem technisch orientierten Leitfaden.

3.4 Ausführungskontrolle, Abnahme, Betrieb und Wartung

Dieser Abschnitt enthält Ratschläge bezüglich der Qualitäts- und Abnahmeprüfungen der Ausrüstung sowie auf Erfahrung basierende Tips, die dem Auftraggeber als Hilfestellung dienen sollen. Es empfiehlt sich, nur Prüfungen vorzunehmen, die wirklich notwendig und der Projektgröße angemessen sind (siehe auch IEC-Veröffentlichung 545).

3.4.1 Genehmigung der Zeichnungen und Inspektion der Herstellung

3.4.1.1 Genehmigung der Zeichnungen

Folgende Unterlagen sollte der Lieferant dem Auftraggeber vorlegen:

- Aufstellungspläne
- Fundamentzeichnungen mit Lastangaben
- Querschnittszeichnungen der Maschinensätze

- Stromlaufpläne, Rohrpläne für Öl und Kühlwasser
- Schema des Regelkreises
- Liste der elektrischen Instrumente.

Art und Anzahl der vorzulegenden Dokumente sowie die Einreichungsfrist müssen eindeutig im Vertrag definiert werden, da eine Verzögerung bei der Genehmigung der Zeichnungen zu einer Lieferungsverzögerung führen kann.

3.4.1.2 Kontrolle der Werkstoffe und Vormontagen

Der Lieferant ist dem Kunden gegenüber zur Vorlage von Ergebnisprotokollen der Qualitätskontrollen - sofern durchführbar und notwendig - verpflichtet, und zwar für folgende Teile: Laufräder, Wellen, Gußstücke, Bleche, Getriebe und Generatorläufer.

Außerdem können für wichtige Komponenten zerstörungsfreie Versuche verlangt werden (vor Lieferung).

Wenn möglich und sinnvoll, sollten Spiralgehäuse und Gehäuse von Absperrorganen abgepreßt werden. Die Dichtheit der Absperrorgane sollte ebenfalls Gegenstand von Prüfungen beim Hersteller sein.

3.4.1.3 Inspektion beim Hersteller

Für die Ausführungsqualität im Werk sind der Lieferant bzw. seine Unterlieferanten verantwortlich. Sie müssen nach dem Stand der Technik arbeiten.

Der Kunde kann verlangen:

a) Zusammenstellungszeichnungen
b) Zeichnungen der Hauptkomponenten mit Angabe der Betriebstoleranzen
c) Befähigungsnachweise der Schweißer
d) Anwesenheit bei den unter 3.4.1.2 genannten Versuchen
e) Versuchsprogramm.

3.4.1.4 Lieferung

Über folgende, die Lieferung der Ausrüstung betreffende Punkte muß der Lieferant unterrichtet werden:

a) Beschränkungen in bezug auf Gewicht und Abmessungen, Transportmöglichkeiten bis zum Standort (Straße, Schiene, Wasser usw.)
b) Art der Verpackung
c) Fördermittel in den Häfen und vor Ort

d) Bedingungen für eine kurz- und eventuell auch eine mögliche langfristige Lagerung
e) erste Ölfüllung (bei lokal bezogenem Öl auf Kompatibilität mit den Vorschriften des Maschinenherstellers achten).

3.4.1.5 Montage vor Ort

Grundvoraussetzungen

Im allgemeinen werden vor Vertragsabschluß von Auftraggeber und Auftragnehmer die folgenden Montagemodalitäten geklärt:

a) mit Arbeitskräften des Lieferanten
b) mit örtlichen Arbeitskräften unter Aufsicht des Lieferanten
c) Selbstmontage unter Verantwortung des Kunden.

In diesem Zusammenhang sollte auch an entsprechende Vorkehrungen in bezug auf Sicherheit, Unterbringung, Verpflegung, Transport, sprachliche Verständigung, Arbeitsgenehmigungen, medizinische Versorgung, Versicherung, Telefon, Telex und Steuern gedacht werden, die in diesem Handbuch nicht weiter erläutert werden können.

Bauaufsicht

Unabhängig von der Art der Montage empfiehlt es sich, daß von Kundenseite einer der künftigen Kraftwerksmitarbeiter zur Überwachung der einzelnen Montagephasen eingesetzt wird, der für jedes Ausrüstungsteil in einem „Montageheft" festhält:

a) die wesentlichen Montagephasen und -details
b) alle Änderungen, die ggf. vor Ort vorgenommen wurden
c) alle während der Montage durchgeführten Anpaßarbeiten
d) alle wichtigen Fakten, die der Betreiber wissen sollte.

Einrichtung und Prüfung der Baustelle

Vor der Montage der elektromechanischen Ausrüstung wird vor Ort gemeinsam durch den Kunden (und ggf. seinen beratenden Ingenieur), einen Vertreter des Bauunternehmens und den Maschinenlieferanten das Bauwerk auf die Montageanforderungen hin überprüft (Dimensionsfragen, einbetonierte Teile, Bauaussparungen usw.).

Der Bedarf an Wasser, Strom und Druckluft ist festzulegen. Außerdem müssen große und kleine Transportmittel sowie Räume (Büros, Werkstätten, Lager usw.) im Baustellenbereich bereitgestellt werden.

Montageplanung

Die Planung der Montage muß im Rahmen einer Absprache der betroffenen Parteien (Kunde, ggf. beratender Ingenieur, Bauunternehmen, Lieferanten der mechanischen und elektrischen Ausrüstung usw.) erfolgen.

Mit der Montage der mechanischen und elektrischen Ausrüstung, von der der erfolgreiche Betrieb der Maschinen entscheidend abhängt, kann erst begonnen werden, wenn die mit Staubentwicklung verbundene Bauphase abgeschlossen ist. Gegebenenfalls ist die Montage zeitweise zu unterbrechen.

3.4.2 Inbetriebnahme

In dieser Phase werden die vom Hersteller zu liefernden Inbetriebnahmeanweisungen, Pläne und betriebsrelevanten Informationen benötigt.

Außerdem müssen die entsprechenden Prüfgeräte verfügbar sein sowie die Beschreibungen der Regel- und Steuereinrichtungen.

3.4.2.1 Prüfungen vor der Flutung

Vor der Flutung der Anlage überprüfen Kunde und Lieferant gemeinsam:

a) alle Kanäle bzw. Druckrohrleitungen (Entfernung etwaiger Fremdkörper) sowie die Abmessungen eventuell vorhandener Meßquerschnitte
b) die Stromversorgung (Gleich- oder Wechselstrom)
c) den Öl- und Schmiermittelstand
d) die Absperr- und Regulierorgane auf einwandfreie Funktionsfähigkeit
e) alle Schmiermittel- und Ölkreisläufe auf einwandfreie Funktion
f) die Kühlwasser-, Drainage- und Entleersysteme
g) die manuell und automatisch gesteuerten Anfahr- und Stillsetzungsabläufe (einschließlich Bremssystem, wenn vorhanden)
h) die Sicherheitseinrichtungen
i) die Mannlöcher auf gesicherten Verschluß
j) Druckprüfungen am Reglerölsystem und an den Rohrleitungen
k) Rundlauftest zur Spaltkontrolle
l) Überprüfung der elektrischen Antriebe und der Schutzschaltungen.

3.4.2.2 Flutung

Nach den unter 3.4.2.1 genannten Prüfungen wird die Anlage geflutet. Die Turbine soll sich dabei nicht drehen. Ist dies zunächst nicht möglich, muß der Durchsatz zur Erfüllung der Bedingung 3.4.2.3 reduziert werden.

Eine anschließende Überprüfung soll sicherstellen, daß der Wasserdruck keine übermäßigen Leckagen (statische und dynamische Dichtungen) oder sichtbare Verformungen verursacht.

Die Flutung sollte langsam geschehen, und zwar entweder mittels Bypass oder teilweiser, vorzugsweise manuell gesteuerter Öffnung des Absperrorgans bzw. des Einlaufschützes.

Der Trockenbetrieb der verschiedenen Absperr- und Regulierorgane nach 3.4.2.1 wird jetzt bei Nennwasserdruck entsprechend durchgeführt, wobei die Turbine weiterhin stillsteht.

In anschließenden Messungen werden die Schließ- und Öffnungszeiten ermittelt.

3.4.2.3 Drehen der Turbinen

Es ist zu verhindern, daß die Turbinen vom Leckagedurchsatz in Drehung versetzt werden.

<u>Betrieb bei niedriger Drehzahl</u>

Es empfiehlt sich, das Laufrad zunächst unterhalb der Synchrondrehzahl rotieren zu lassen. Dabei ist zu achten auf

a) Geräusche oder Vibrationen bei Turbine, Generator, Absperrorganen und im Saugrohr
b) Temperaturen, Drücke, Durchflußmengen sowie auf eventuelles Vorhandensein von Wasser in den Ölkreisläufen
c) Kühlwassertemperatur der Lager.

Daneben wird noch eine allgemeine Kontrolle der Anzeigen aller zum Maschinensatz gehörigen Meßeinrichtungen durchgeführt.

Der niedertourige Betrieb sollte auf einen relativ kurzen Zeitraum beschränkt bleiben.

<u>Nenndrehzahl</u>

Sobald sich die Temperaturen stabilisiert haben, werden die unter 3.4.2.3, Abschnitt 1 genannten Kontrollen bei Nenndrehzahl wiederholt.

<u>Überdrehzahl</u>

Durch manuell vorgenommene Drehzahlerhöhung mittels Vergrößerung der Leitapparatöffnung wird die Funktionsfähigkeit der Überdrehzahlinstrumente überprüft. Gegebenenfalls müssen die Einstellungen korrigiert werden. Für eine vertraglich festzulegende Zeitdauer kann auch ein Versuch bei Durchgangsdrehzahl durchgeführt werden, insbesondere bei Maschinen, für die ein langer Betrieb bei Durchgangsdrehzahl zu den Garantieleistungen gehört.

3.4.2.4 Vorprüfungen und elektrische Messungen unter Last

Nach zufriedenstellendem Verlauf der mechanischen Prüfungen erfolgen:

a) die Überprüfung der korrekten Phasenanschlüsse
b) die Inbetriebnahme von Erregung und Spannungsregler sowie Überprüfung der technischen Generatordaten
c) eine Leerlaufprüfung des Drehzahlreglers
d) eine Leerlaufprüfung der Steuerungsautomatik
e) die Netzankopplung (oder die Kopplung an einen vom Kunden oder vom Lieferanten bereitgestellten Widerstand)
f) Abschaltversuche bei 1/4-, 1/2-, 3/4- und Vollast zurück in den Leerlaufbetrieb sowie Notschlußtest, bei denen jeweils Druckanstieg, Überdrehzahl und Überspannung gemessen werden
g) ggf. Versuche im Inselbetrieb
h) längerer Betrieb bei verschiedenen Teillasten
i) die elektrische Messung der (garantierten) Maschinenleistung bei den vorliegenden hydraulischen Bedingungen.

Bei diesen Versuchen sind sämtliche Betriebsparameter der Ausrüstung zu beobachten (besonders die Stabilisierung der Temperaturen). Gegebenenfalls werden zur Einhaltung der spezifizierten Werte von Drehzahl- und Druckanstieg entsprechende Anpaßarbeiten vorgenommen.

3.4.3 Betrieb

3.4.3.1 Probezeit

Die Ausrüstung muß unter Kontrolle des Herstellers nach Abstimmung mit dem Kundenprogramm über einen vertraglich festgelegten Zeitraum funktionieren, ohne daß dabei bleibende, nicht sofort reparierbare Schäden eintreten.

Dem Hersteller ist ausreichend Zeit zu geben, die erforderlichen Nachbesserungen vorzunehmen.

Sofern es die hydraulischen und elektrischen Gegebenheiten zulassen, kann der Kunde im Rahmen dieser Probezeit über einen festzulegenden Zeitraum hinweg (im allgemeinen ca. 1 Monat) einen unterbrechungsfreien Dauerbetrieb fordern.

Am Ende der Probezeit erfolgt, wenn alle Bedingungen erfüllt sind, die Übergabe der Anlage. Damit übernimmt der Kunde die Verantwortung für den Betrieb des Kraftwerks. In der Probezeit ist er vom Hersteller entsprechend eingewiesen worden (siehe 3.4.4). Das Datum des Übergabeprotokolls (vorläufige Abnahme) kennzeichnet den Beginn der Garantiezeit. Ist eine Überprüfung der vertraglich garantierten Werte vorgesehen und konnte sie, wie aus Gründen der Wasserführung meist der Fall, nicht vor Ende der Probezeit vorgenommen werden, so muß das Übergabeprotokoll eine Klausel enthalten, die dem Kunden einerseits das Recht auf die Garantiewerte bis hin zur Annahmeverweigerung zusichert, andererseits jedoch die Interessen des Herstellers nicht außer Acht läßt.

3.4.3.2 Garantiezeit

Überprüfung der technischen Garantie-Abnahmeprüfungen

In 3.3 sind die Größen bzw. Faktoren aufgelistet, für die vom Hersteller Garantien verlangt werden können.

Abnahmeprüfungen

Ist im Vertrag für einige dieser Garantien ein Nachweis vorgesehen (Leistung, Wirkungsgrad, Regelparameter), dann werden entsprechende Abnahmeprüfungen erforderlich. Der Zeitraum dafür muß so bemessen sein, daß an den betreffenden Organen inzwischen keine leistungsmindernden Verschleißerscheinungen auftreten konnten (gewöhnlich innerhalb von sechs Monaten nach der Übergabe).

A) Turbinenleistung

Die Prüfung der Werte (Leistung und Wirkungsgrad) kann auf verschiedene Arten erfolgen:

a) Labormessungen an einem verkleinerten Modell der Turbine:
Bei kleinen Anlagen könnten sich für den Einzelfall die Modellherstellungs- und Versuchskosten als zu hoch erweisen. Bei Standardturbinen sind entsprechende Modellversuche jedoch der beste Weg, den garantierten Wirkungsgrad zu überprüfen, da mit einem Modell alle ähnlichen Industriemaschinen überprüft werden können. Der Hersteller hat allerdings den Nachweis für die zu erwartenden Prototyp-Merkmale zu erbringen, wenn er von einem nicht-homologen Modellversuch ausgegangen ist.

b) Anlagenmessungen:
Bei einigen Turbinentypen läßt sich die Messung bestimmter Größen, vor allem des Durchflusses, mit der für eine Überprüfung der Garantien erforderlichen Genauigkeit manchmal nur aufwendig

und, angesichts der Bedeutung des Ergebnisses, mit unvertretbar hohen Kosten realisieren.

c) Bei Standardmaschinen, wie sie von manchen Firmen hergestellt werden, können eventuell auch die von einem unabhängigen Dritten mit einer ähnlichen Maschine erzielten Testergebnisse zur Beurteilung herangezogen werden.
d) Laborversuche an der Turbine vor der Auslieferung, eventuell bei verringerter Fallhöhe.

Es ist jedoch zu beachten, daß in den Fällen a) und d) und unter Umständen auch im Fall c) die Ergebnisse unter idealen Bedingungen erzielt worden sind. In der Anlage können sich die tatsächlichen Zuströmbedingungen erheblich auf die Leistungsfähigkeit der Turbine auswirken.

Bezüglich der Meßmethoden können die IEC-Veröffentlichungen Nr. 41 und 193 herangezogen werden („Internationaler Code für Abnahmeprüfungen hydraulischer Turbinen in der Anlage“ und „Internationaler Code für Abnahmeprüfungen hydraulischer Turbinen am Modell“). Es darf jedoch nicht übersehen werden, daß diese Codes für Großanlagen formuliert wurden und deshalb den Anforderungen an die Betriebsbedingungen kleinerer Anlagen angepaßt werden müssen. So können etwa Indexmessungen für die Bestimmung der Relativwerte von Durchfluß und Wirkungsgrad durchgeführt werden.

Sind Versuche vor Ort vorgesehen, dann müssen schon bei der Anlagenkonzeption entsprechende Vorkehrungen für die Messung von Durchfluß und Fallhöhe getroffen werden.

B) Reglerprüfung

Im Hinblick auf die Funktionsprüfung der Regeleinrichtungen kann die IEC- Veröffentlichung Nr. 308 herangezogen werden („Internationaler Code für die Prüfung der Drehzahlregler bei hydraulischen Turbinen“). Normalerweise genügt es jedoch, sich von der Funktionsfähigkeit des Reglers in bezug auf das Netz (einschließlich eventuellem Inselbetrieb) und vom korrekten Verhalten bei Netzausfällen zu überzeugen.

C) Übergangsbetrieb (siehe auch IEC-Veröffentlichung 41)

a) Als Hilfsmittel bei der Überprüfung der Garantien empfiehlt es sich, Druckanstiege und Drehzahlerhöhungen mitzuschreiben, wenn es Maschinengröße und hydraulische Bedingungen erforderlich erscheinen lassen.
b) Die garantierte Durchgangsdrehzahl kann anhand der Drehzahlanzeige überprüft werden.
c) Während der Überdrehzahlversuche sollte eine umfassende Sichtkontrolle vorgesehen sein.

Die Durchgangsversuche können entweder vor Ort unter realen Bedingungen durchgeführt werden oder aber auf dem Prüfstand beim teil-empirisch ermittelten Wert der Durchgangsdrehzahl. Bei Standardmaschinen genügt eventuell die Prüfbescheinigung vom Prototyp der Serie.

D) Elektrische Eigenschaften des Generators

Die Vorgehensweise bei Kontrollmessungen in bezug auf die elektrischen Eigenschaften ist in den IEC-Veröffentlichungen Nr. 34-1 und 34-2 beschrieben.

E) Mechanische Eigenschaften des Maschinensatzes

Gegenüber Forderungen nach Garantien in bezug auf Geräuschentwicklung und Schwingungen ist einzuwenden, daß die meßtechnische Nachprüfung schwierig ist. Noch schwieriger ist es, Meßergebnisse zu interpretieren, selbst dann, wenn verschiedene anwendbare Normen zugrundegelegt werden können.

Prüfung mechanischer Garantien

Garantien für Teile der Lieferung, die sich naturgemäß im Laufe der Zeit verschlechtern (kavitationsgefährdete Teile, Labyrinthdichtungen, Korrosionsschutz), müssen innerhalb der vereinbarten Garantiezeit überprüft werden. Zu den entsprechenden Inspektionen sind Vertreter des Lieferanten einzuladen.

A) Kavitationsschäden

Zur Bestimmung dieser Erscheinung und zur Festlegung von Prüfmethoden für diesbezügliche Garantien kann auf die IEC-Veröffentlichung Nr. 609 zurückgegriffen werden („Internationaler Code für die Bewertung von Kavitationsschäden an hydraulischen Turbinen, Speicherpumpen und Pumpenturbinen“).

Am zuverlässigsten ist das „Volumenkriterium“ genannte Verfahren.

Vor dessen Anwendung muß nachgewiesen werden können, daß

a) die Turbine während der Garantiezeit nicht außerhalb der vertraglich festgelegten Grenzen von Leistung, Fallhöhe und Saughöhe betrieben worden ist. Es ist daher wichtig, die Betriebsweise genau zu protokollieren.
b) eine festgestellte Erosion auch tatsächlich kavitationsbedingt ist und nicht etwa auf Abrasion oder Korrosion durch feste Körper oder aggressive Chemikalien im Wasser zurückzuführen ist.

B) Abnutzung der Labyrinthe

Die Maschinen sollten nach Möglichkeit mit Kontrollöffnungen ausgestattet sein, so daß eine Überprüfung des Spiels und damit des Labyrinthverschleißes ohne Demontage möglich ist.

C) Zustand und Beständigkeit der Beschichtungen

Innen- und eventuell auch Außenbeschichtungen werden per Sichtprüfung auf ihren Zustand und ihre Beständigkeit untersucht. Für die Beständigkeit kann eine mindestens einjährige Garantie (die Garantiezeit ist vertraglich festzulegen) gewährt werden. Anstatt der Sichtprüfung (generelles Aussehen, Rauheit usw.) kann auch ein Vergleich mit Bezugsmustern vorgenommen werden. Auch sind Dickenmessungen und Adhäsionsprüfungen möglich.

Prüfung der Betriebsparameter

Während der Garantiezeit sollten diejenigen Betriebsparameter laufend beobachtet werden, von denen die einwandfreie Funktion der Anlage abhängt (Temperaturen, Drücke, Durchflüsse, Schwingungen). Schon langsame Veränderungen, die nicht unmittelbar zu einem Störfall führen, sind dem Lieferanten mitzuteilen.

Bei schnellen Veränderungen ist die Maschine möglichst abzustellen.

Ohne vorherige Genehmigung des Herstellers ist ein Betrieb außerhalb der vertraglich spezifizierten Bedingungen nicht zulässig.

3.4.3.3 Normalbetrieb

Wenn die Ausrüstung bei Ablauf der Garantiezeit(en) für spezifikationskonform befunden wurde, erfolgt die endgültige Abnahme. Der Kunde betreibt die Anlage von da an gemäß der Betriebsanleitung des Herstellers. Sofern keine versteckten Mängel zutage treten, ist der Lieferant damit von seiner Verantwortlichkeit entbunden.

3.4.4 Schulung des Personals

Im Vertrag sind auch die Einweisung des Personals in Betrieb und Wartung sowie die Bereitstellung der dazu notwendigen Unterlagen vorzusehen.

Es ist daher zu empfehlen, daß die für die Anlage zuständigen Kundenmitarbeiter frühzeitig vor Ort eingesetzt werden, damit sie die Montagearbeiten und die Inbetriebnahme durch den oder die Lieferanten verfolgen können.

Mit ihren neuen Erfahrungen sollten sie sinnvollerweise so lange in der Anlage bleiben, bis sie die notwendigen Kontroll- und Wartungsvorschriften zur Weitergabe an das zukünftige Betriebspersonal ausgearbeitet haben.

3.4.5 Kontrolle und Wartung

Alle Anlagenteile, auch die einfachen und robusten, brauchen ein Minimum an Kontrolle und Wartung zur Vermeidung von Störungen und unvorhergesehenen Abschaltungen. Deren Folgen können entweder rein finanzieller Art sein, sich aber auch darüber hinaus, etwa bei Inselbetrieb, sehr unangenehm auswirken.

Kontrolle und Wartung sind gemeinsam zu betrachten und mit denselben, möglichst einfachen Mitteln durchzuführen.

Der Betreiber sollte Maßnahmen der vorbeugenden Wartung ins Auge fassen, die auf einen Mittelweg zwischen regelmäßiger und systematischer Wartung (häufig überflüssig) und Reparaturen infolge von Pannen führen.

Wartungsanleitungen sind vom Lieferanten bei der Inbetriebnahme bzw. spätestens bei Beginn der Garantiezeit bereitzustellen.

Die Ausarbeitung der Wartungsvorschriften hat folgenden logischen Ablauf:

a) Kontrolle - Inspektion
b) Notieren der Beobachtungen
c) Analyse der Beobachtungen
d) Entscheidung über Wartungsbeginn
e) Erstellung eines Wartungsprogramms
f) Vorbereitung der Maßnahmen
g) Durchführung der Maßnahmen
h) Wartungsbericht
i) Einordnen/Speichern
j) Schlußfolgerungen.

Für jede dieser Stufen sind Arbeitsunterlagen erforderlich (Ablage der Dokumente, Pläne, Prüfprotokolle, Arbeitspläne, Zeitablauf von Einzelvorgängen). Ein neuer Betreiber muß in der Lage sein, anhand dieser Unterlagen den Lebenslauf der einzelnen Komponenten der Anlage zurückzuverfolgen.

Auch wenn der Betreiber die Wartung nicht selbst vornimmt, bleiben die Punkte a) - e) und h) - j) in seiner Verantwortung.

Bei allen Wartungsmaßnahmen sind die Vorschriften der Betriebssicherheit zu beachten.

Die Ersatzteilhaltung sollte ebenfalls Bestandteil der Wartungsvorschrift sein. Für sie gelten folgende Vorschläge:

I) Ab Inbetriebnahme sollte sichergestellt werden, daß das Lager vollständig ist und mit den vertraglichen Vereinbarungen sowie den Empfehlungen des Herstellers übereinstimmt.
II) Ersatzteile, die vom Lieferanten bei der Behebung von Störungen in der Anlaufphase verwendet worden sind, müssen sofort ersetzt werden.
III) Die Lagerbedingungen dürfen keine Schäden an den Ersatzteilen verursachen (Verpackung, Lagerort usw.).
IV) Die benötigten Teile müssen im Bedarfsfall leicht aufzufinden sein.
V) Die Austauschbarkeit der Ersatzteile mit den Originalteilen ist zu gewährleisten.

Bestimmte Sicherheitsorgane (Grundablaßschieber, Dammbalken, Einlaufschieber der Triebwasserleitung), die nur selten betätigt werden, sollten regelmäßig auf ihre Funktionsfähigkeit überprüft werden.

Aber nicht nur die elektromechanischen Teile unterliegen dem Verschleiß. Auch das Bauwerk ist regelmäßig zu inspizieren, denn Mängel in diesem Bereich könnten schwerwiegende Folgen für die Sicherheit des Betriebspersonals haben.

Lassen die örtlichen Möglichkeiten keine ausreichend sorgfältigen Kontroll- und Wartungsmethoden zu, dann müssen die Betriebsanleitungen der Lieferanten strikt befolgt werden.

Die Lieferanten werden auch bei Anfrage entscheiden, ob im Falle nur geringer Abnutzung der vorgeschriebene Zeitabstand zum Austausch eines Teils vergrößert werden kann.

Zur Vervollständigung dieser systematischen Wartung ist auch die regelmäßige Inspektion durch Fachleute möglich. Manche Schadensursachen können sich jedoch so schnell entwickeln (z. B. Risse), daß ein erhebliches Störfallrisiko zwischen zwei Inspektionen bestehen bleibt.

Bei kleinen Anlagen mit mehreren identischen Maschinensätzen, die jeweils als Einheit montiert werden können, ist die Vorhaltung eines kompletten und funktionsfähigen Satzes im Ersatzteillager zu empfehlen. Damit kann bei einem Defekt der ganze Satz ausgewechselt und der Schaden anschließend behoben werden, ohne daß es zu einer langen Unterbrechung des Betriebs kommt. Auf jeden Fall müssen jedoch die ausgesprochenen Verschleißteile (z. B. Dichtungen) besonders beobachtet werden.

In Tabelle 3.1 sind verschiedene Komponenten der Ausrüstung aufgeführt mit Vorschlägen zur einfachen Überprüfung sowie den möglichen Folgen bei fehlender Kontrolle und Wartung. Sie soll als Beispiel dienen und erhebt keinen Anspruch auf Vollständigkeit.

ORGAN	VORSCHLÄGE	GRUND FÜR DIE PRÜFUNG	MÖGLICHE FOLGEN BEI NICHT DURCHGEFÜHRTER PRÜFUNG
TURBINEN-DRUCKROHR-LEITUNG	Leistungsmessung bei stets gleicher Fallhöhe und Leitradöffnung	Feststellung von Kalkansatz oder Abnutzung der Auskleidung	Leistungsabfall u. Schwierigkeiten bei der Reinigung
LAUFRAD	Regelmäßige Inspektion (Häufigkeit abhängig von Typ u. Betriebsbedingungen)	Feststellung von Ermüdungsanrissen; Feststellung von Abnutzung durch Abrieb oder Kavitation	Dauerbruch; evtl. Laufradbruch infolge einzelner Materialbrüche
	Schwingungskontrolle	Feststellung eines Fremdkörpers oder eines losen Teils im Rad	Größerer Maschinenschaden
LABYRINTHE	Messung der Spiele	Feststellung von Abnutzungen u. deren Fortschritt	Leistungsabfall der Turbine
WELLEN	Sichtprüfung u. Kontrolle	Feststellung von Ermüdungsanrissen	Dauerbruch
WELLEN-DICHTUNG	Überwachung u. Anzeige der Leckrate	Feststellung, ob Leckrate zu- oder abnimmt	Überflutung, Zerstörung der Dichtung
LAGER	Temperaturkontrolle; Ölstandskontrolle	Feststellung von Temperaturänderungen oder Ölmangel	Blockieren
	Schwingungskontrolle	Überprüfung des Gesamtzustands der Maschine bzw. Feststellung einer Unwucht bei Laufrad oder Generatorläufer	Maschinenschaden
GENERATOR	Messung des Isolationsgrades	Feststellung der Abnahme	Zusammenbruch der Isolation
BATTERIEN	Ladezustand; Säurekonzentration	Feststellung der Verfügbarkeit	Ausfall der elektr. Steuerung
SCHUTZEIN-RICHTUNGEN	Funktionsprüfung	Feststellung der Wirksamkeit	Total- oder Teilausfall der Elektrik

Tabelle 3.1: Überwachung im Betriebszustand (Beispiele)

	quantitativ	subjektiv
A. Maschinensatz		
a) Allgemeine Faktoren		
- Qualität der technischen Unterstützung		x
- Leistungsgarantien (Leistung, Wirkungsgrad, Jahresarbeit)	x	
- Abmessungen - Auswirkungen auf die Bauseite	x	
- Drehzahl - mit oder ohne Übersetzungsgetriebe	x	
- Überlastbetrieb (falls zutreffend)	x	
- Gewicht der schwersten zu hebenden Einheit (von Bedeutung für Krangröße)	x	
- Regelungsart, Garantien bei Inselbetrieb	x	
- Methode und Dauer von Demontagen (wichtig für die Stromerzeugung)	x	x
- Technische Anordnung		x
- Meßeinrichtungen - vorgeschlagene Meßwertaufnehmer		x
- Grenzen des Lieferanteils der maschinellen Ausrüstung	x	
- Massenträgheit, Anlaufzeit	x	
b) Turbinenrelevante Faktoren		
- Einbaukote - Auswirkungen auf die Bauseite	x	
- Material - von Bedeutung für Erosion/Kavitation	x	x
- Turbinengehäuse (Stahl, Beton), falls gegeben	x	
- Art der hydraulischen Absperrorgane	x	x
- Druckanstieg/-absenkung - Einfluß auf die Druckrohrleitung	x	
c) Generatorrelevante Faktoren		
- Erwärmungsklasse	x	
- Leistungsfaktor (cos ϕ)	x	
- Erregersystem - vorhanden/nicht vorhanden	x	
- Kühlmethode		x
- Betriebsspannung (Nennspannung)	x	
- Isolationsspannung	x	
- Möglichkeit des Ausbaus der Läuferwicklung	x	x
- Reparatur der Statorwicklung	x	

Tabelle 3.2.a: Kriterien für den Vergleich der Angebote

Einige der wesentlichen Entscheidungskriterien sind also immer wieder:

- die Auswirkungen des Typs, der Größe und der Einbaukote der Turbine auf das Bauwerk
- die Bewertung der Qualität der technischen Unterstützung
- die garantierten Leistungsdaten
- eine einfache Betriebsführung und Wartung.

B. Elektrik	quantitativ	subjektiv
a) Allgemeine Faktoren		
- Einhaltung der Grenzen des Lieferanteils und Abstimmung mit den anderen Lieferanten	x	
- Höhe der Steuerspannung		Prüfung
- Isolationsspannung		Prüfung
- systematischer Zusammenhang der verschiedenen Lieferungen	x	
- Qualität der technischen Unterstützung		x
b) Spezielle Fragen zur Regeleinrichtung des Maschinensatzes		
- vorgeschlagene Technik (Relais, programmierbare Systeme)	x	
- Prinzip der Regeleinrichtung (Arbeits- oder Ruhestrom)		x
- Höhe der Steuerspannung	x	
- Isolationsspannung	x	
- Entkopplung und Schutz der äußeren Kreise (Unterstation, Einlaufschützen)	x	
- Schutz des Maschinensatzes		Prüfung
- besondere Eigenschaften (dielektrisches Verhalten, Tropentauglichkeit, max. zulässige Umgebungstemperatur und Luftfeuchtigkeit)		Prüfung
c) Spezielle Fragen zur Leittechnik der Anlage		
- Technik	x	
- Versorgungsspannung		Prüfung
- Leistung (dielektrisches Verhalten, Tropentauglichkeit, max. zulässige Umgebungstemperatur und Luftfeuchtigkeit)		x
d) Spezielle Fragen zu den Hilfseinrichtungen		
- cos ϕ -Kompensation bei Asynchrongeneratoren	x	
- Lieferung der Erdung in der Fundamentgrube	x	
- Entwässerungssystem	x	
- äußeres Erscheinungsbild der Schaltschränke (Stahlschränke, Oberflächenschutz)	x	x
- Anschluß und Schutz des Netzanschlusses	x	
- vorgeschlagene Meßeinrichtungen und Meßwertaufnehmer		x

Tabelle 3.2.b: Kriterien für den Vergleich der Angebote

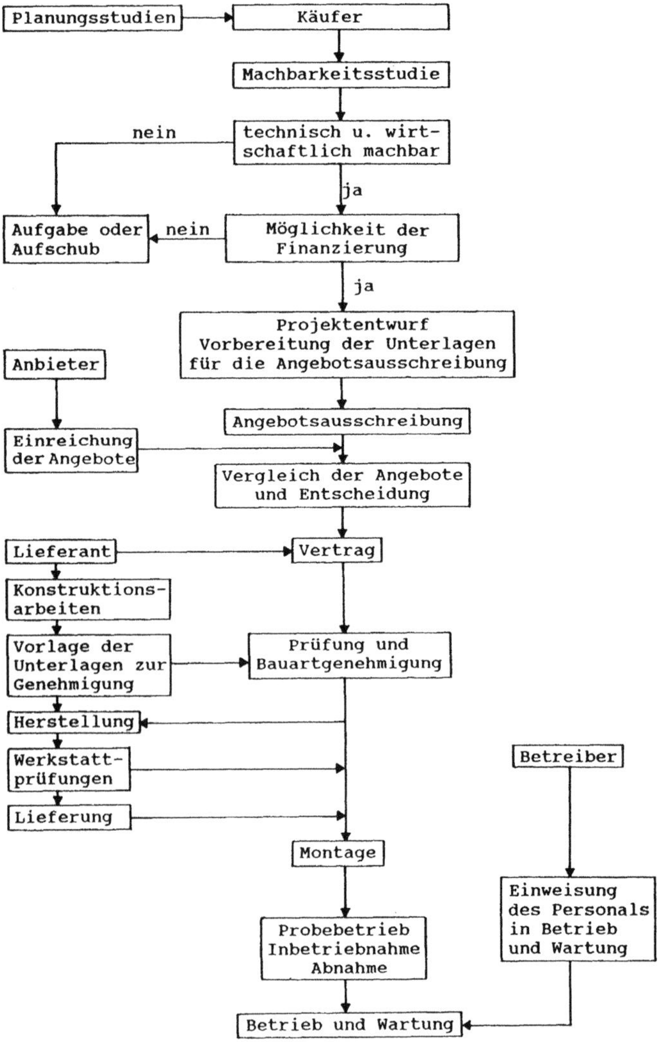

Bild 3.1: **Ablaufschema**

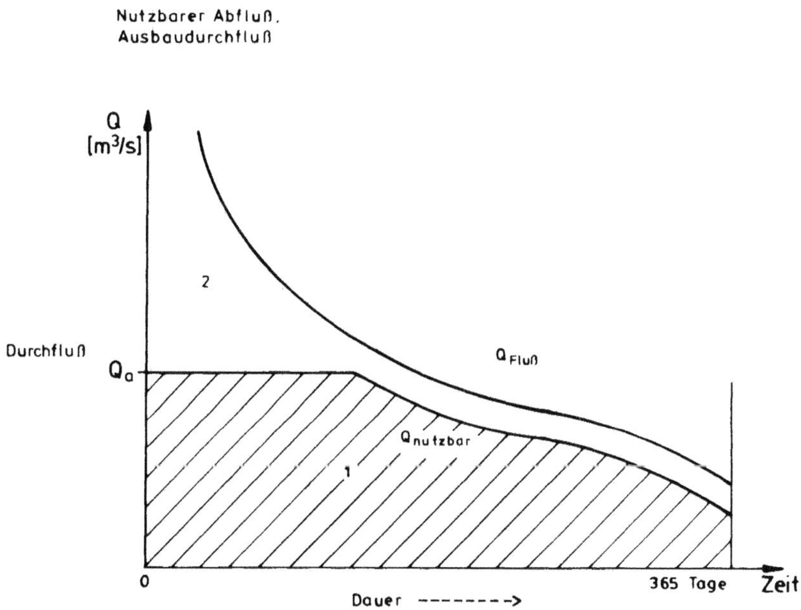

$1 + 2 = Q_{Fluß}$ = Wasserführung des Flusses

$1 = Q_{nutzbar}$ = nutzbarer Anteil

$2 = Q_{Fluß} - Q_{nutzbar}$ = Verluste (Pflichtwasseranteil, Entwässerung und Leckagen, Überlauf)

Q_a = maximaler Durchfluß, der von der Turbine genutzt werden kann

Bild 3.2: Abflußdauerlinie - Abfluß im Fluß und Kraftwerksdurchfluß

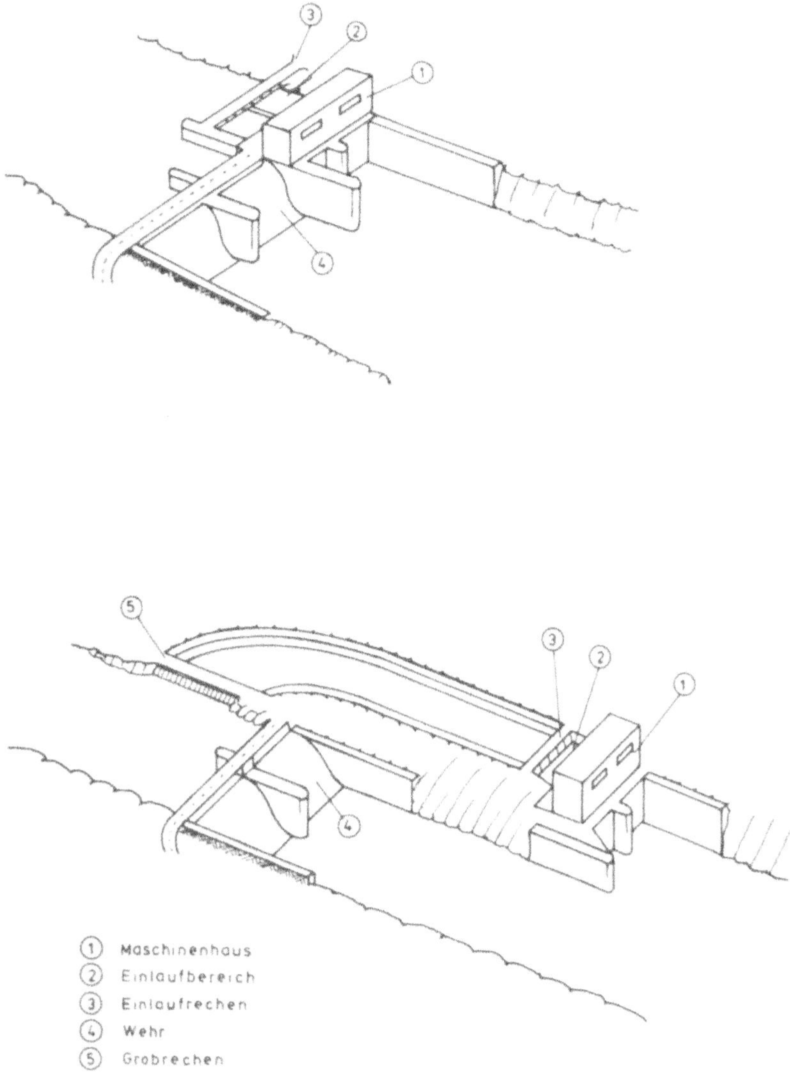

Bild 3.3: **Schematische Kraftwerks- und Turbinendarstellungen: Flußkraftwerk (oben)/Laufwasserkraftwerk (unten) an einem Seitenkanal**

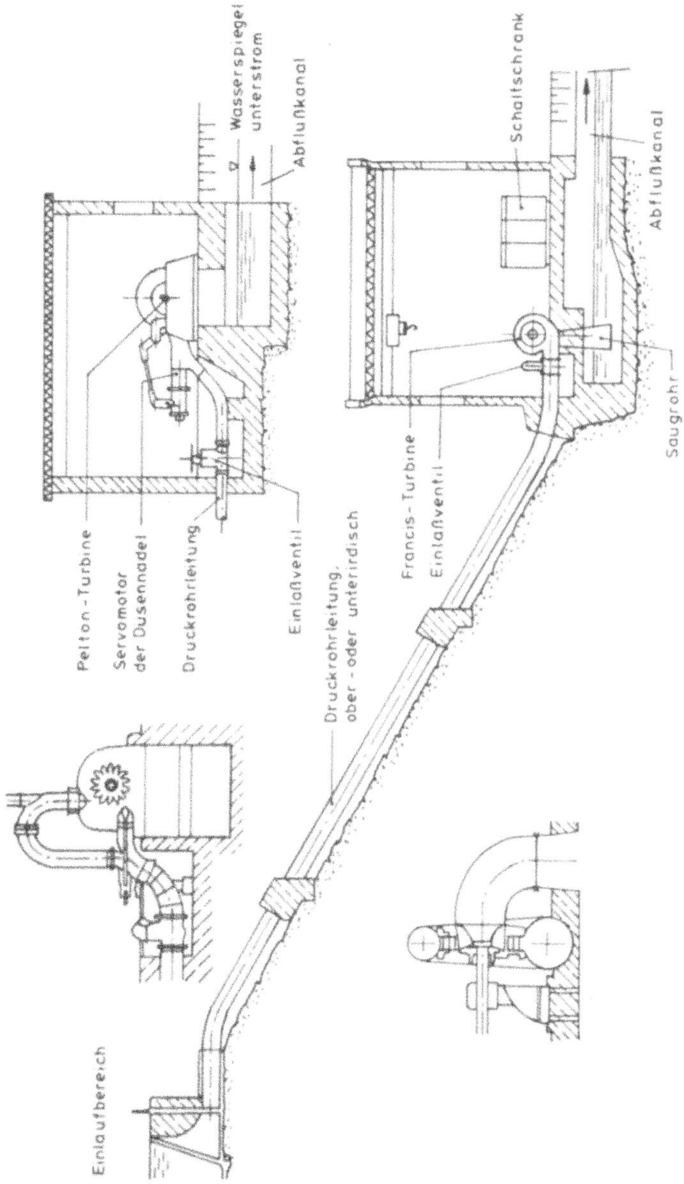

Bild 3.4: **Aufstellungsplan für Kraftwerke mit großer (oben) und mittlerer Fallhöhe (unten) (Pelton- bzw. Francis-Turbine)**

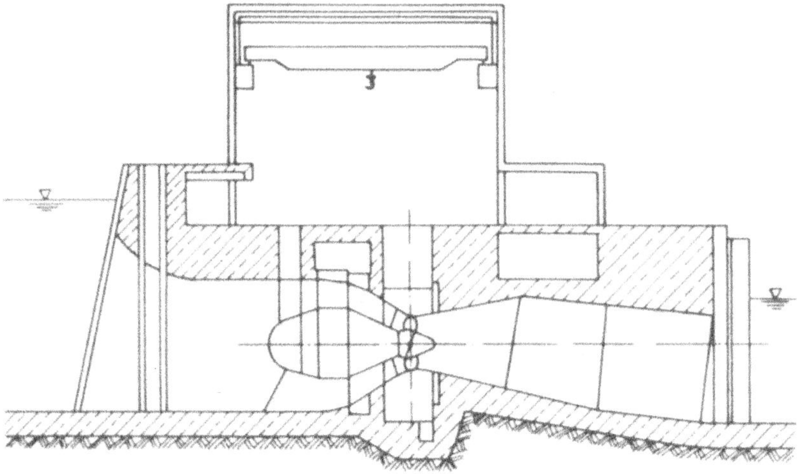

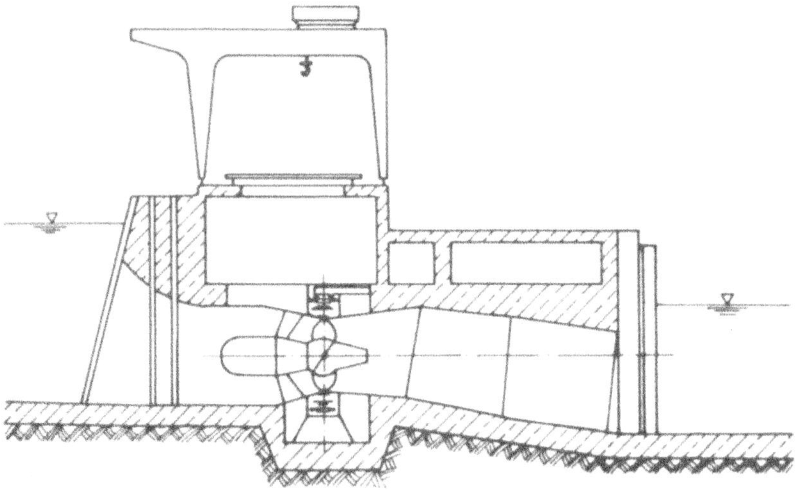

Bild 3.5: Aufstellungsplan für Kraftwerke mit kleinen Fallhöhen (Rohrturbine und Straight-Flow-Turbine)

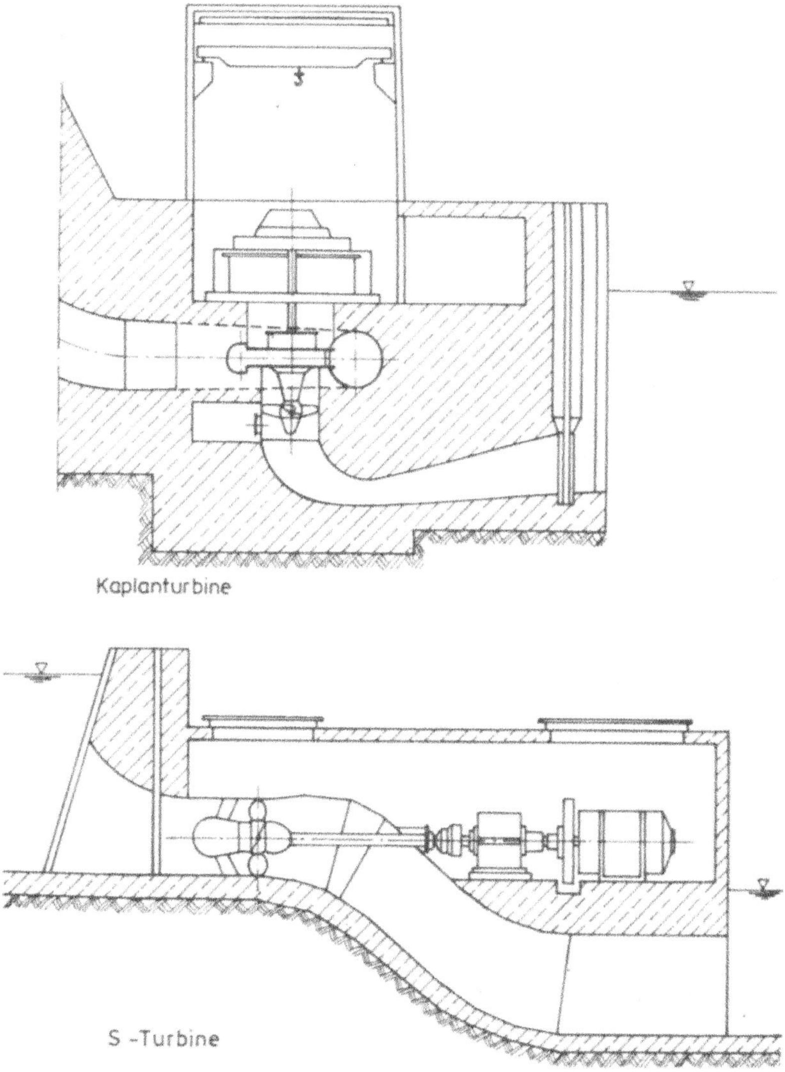

Bild 3.6: Aufstellungsplan für Kraftwerke mit kleinen Fallhöhen (Kaplan- und S-Turbine)

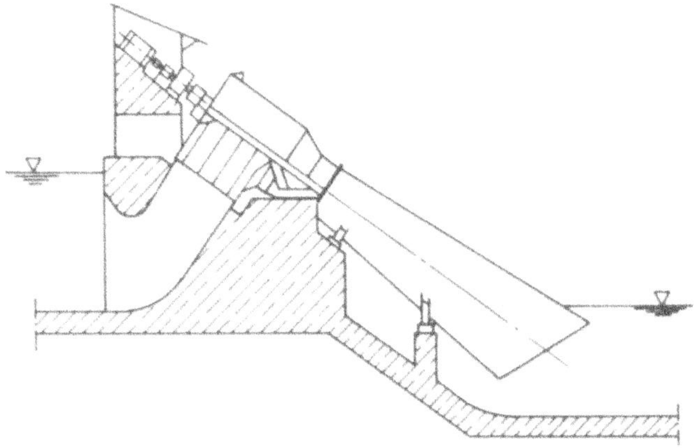

Turbine mit Saugheberung

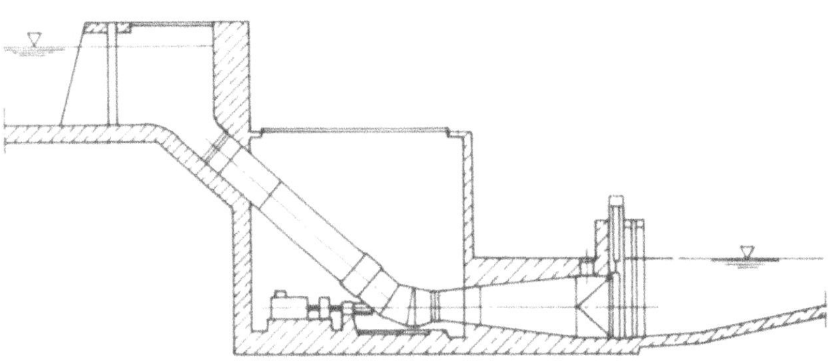

Turbine mit geradem Saugrohr und
geneigter Druckrohrleitung

Bild 3.7: **Aufstellungsplan für kleine Fallhöhen: Turbine mit Saugheberung (oben) bzw. mit Druckrohrkrümmer vor dem Laufrad (unten)**

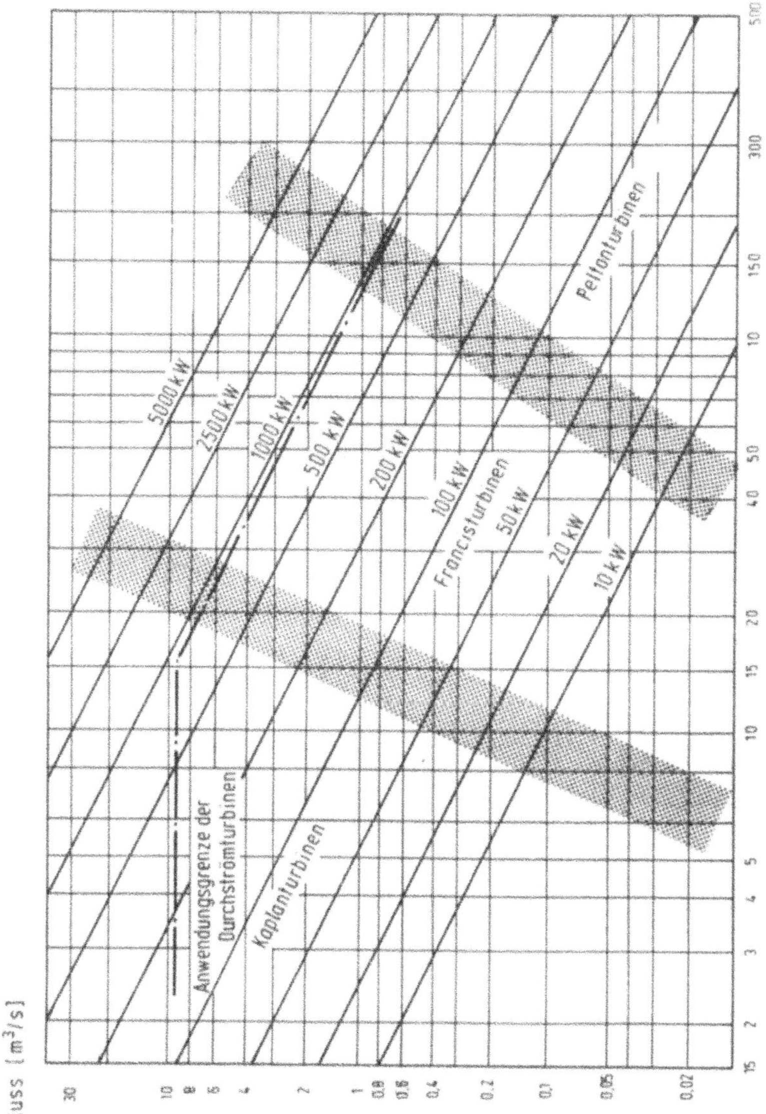

Bild 3.8: Leistungsbereich der Turbinen (schematisch)

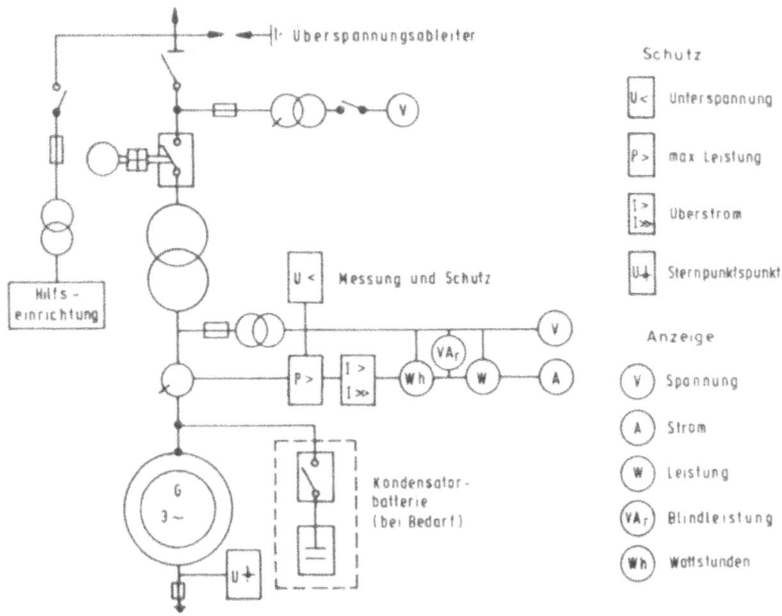

HINWEIS: Der Leistungsschalter kann auch auf der Unterspannungsseite des Transformators angeordnet werden.

Bild 3.9: Einpoliger Übersichtsplan für einen Asynchrongenerator

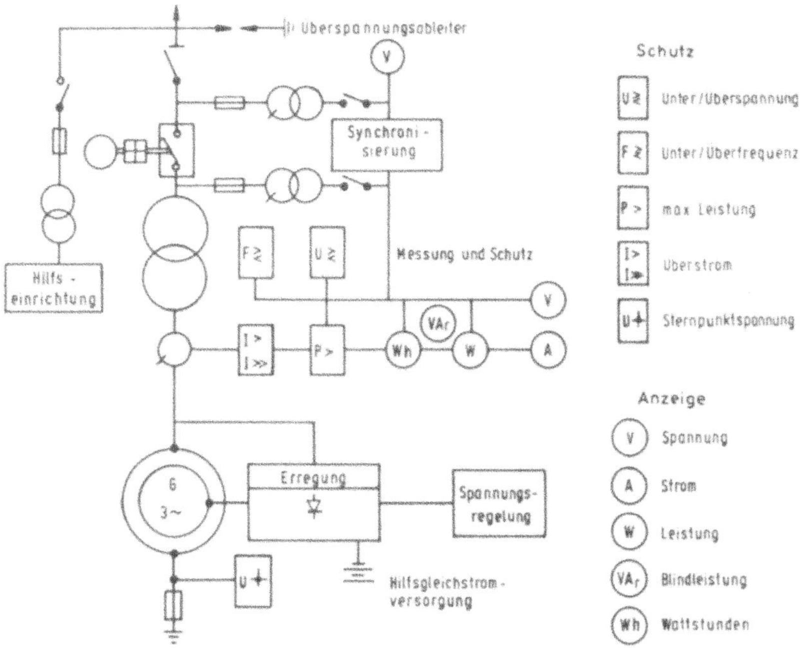

HINWEIS: Der Leistungsschalter kann auch auf der Unterspannungsseite des Transformators angeordnet werden.

Bild 3.10: Synchrongenerator

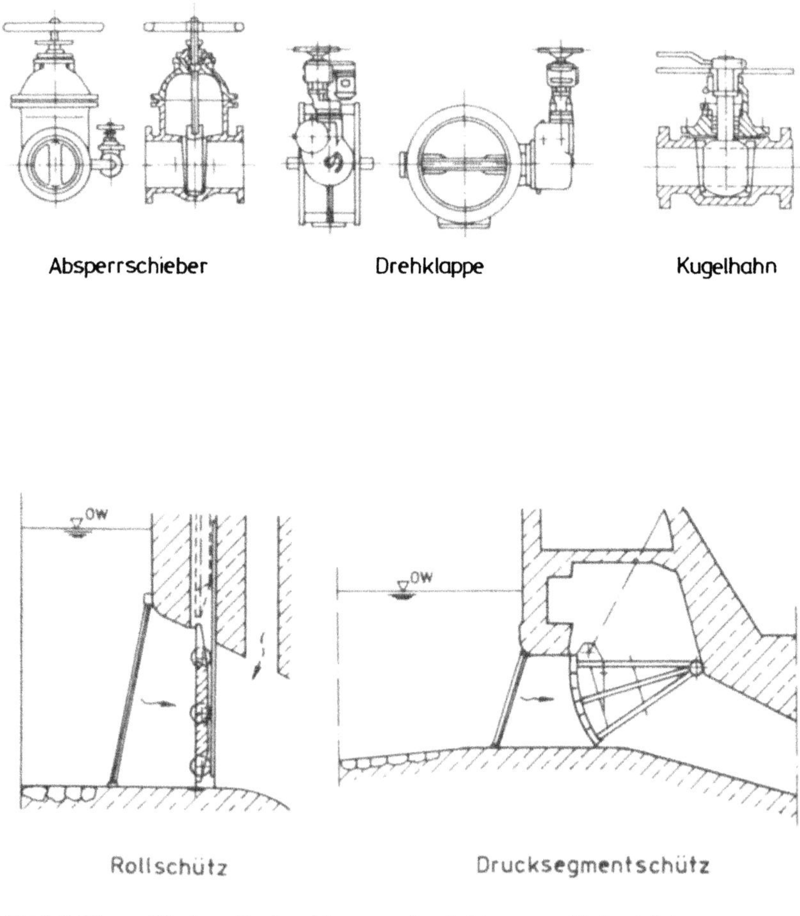

Bild 3.11: Hydraulische Absperreinrichtungen (Beispiele)

3.5 Anhang 3: Definitionen und Terminologie

1. Einheiten, Symbole, Begriffe und Definitionen

Bei der Erarbeitung des vorliegenden Handbuchs ist das Internationale System der Einheiten (SI) verwendet worden.

Sämtliche Begriffe sind in den SI-Grundeinheiten oder abgeleiteten kohärenten Einheiten (z. B. N anstatt $kg \times m \times s^{-2}$) angegeben. Bei Verwendung dieser Einheiten gelten die Grundgleichungen. Diese Voraussetzung ist dann zu beachten; wenn für verschiedenen Größen keine SI-kohärenten Einheiten verwendet werden (z. B. Kilowatt oder Megawatt anstelle von Watt für eine Leistung, Kilopascal oder Bar anstelle von Pascal für einen Druck, min^{-1} anstatt s^{-1} für eine Drehzahl usw.). Thermodynamische (oder absolute), in Kelvin gemessene Temperaturen werden selten gebraucht. Deshalb ist die Temperaturhöhe in der Regel in Grad Celsius anzugeben.

Die Verwendung anderer Einheitensysteme erfordert eine entsprechende schriftliche Übereinkunft der beiden Vertragsparteien (siehe ISO 31/III).

Die Unterkapitel

- 2. Indizes und Symbole
- 3. Begriffe und Definitionen

  wurden nicht in den „Leitfaden für den Bau von Kleinwasserkraftanlagen“ aufgenommen.

3.6 Literaturverzeichnis

Zu Kapitel 3 wird aus folgenden IEC-Veröffentlichungen Nr. zitiert (nur in englischer und französischer Sprache erhältlich):

Ausrüstung der hydraulischen Maschinen

41 (1963): Internationale Richtlinie der Abnahmeprüfungen für Wasserturbinen in Großausführung

193 (1965): Internationale Richtlinie der Abnahmeprüfungen für Wasserturbinen im Modell. Geänderte Fassung Nr. 1 (1977)

193A (1972): Erster Nachtrag zur Veröffentlichung Nr. 193 (1965)

308 (1970): Internationale Richtlinie für Prüfungen von Drehzahlreglern für Wasserturbinen

545 (1976): Handbuch für Inbetriebnahme, Betriebsführung und Wartung von Wasserturbinen

609 (1978): Bewertung von Kavitationsanfressungen an Turbinen, Speicherpumpen und Pumpturbinen

Rotierende elektrische Maschinen

34-1 (1983): Rotierende elektrische Maschinen, 1. Teil: Nennwerte und Betriebsverhalten

34-2 (1972): Rotierende elektrische Maschinen, 2. Teil: Methoden zur Bestimmung von Verlusten und Wirkungsgraden rotierender elektrischer Maschinen durch Versuche (ausgenommen Traktionsmotoren)

34-2A (1974): Erster Nachtrag: Kalorimetrische Verlustmessung

34-5 (1981): Rotierende elektrische Maschinen, 5. Teil: Klassifizierung des Schutzes bei rotierenden elektrischen Maschinen mit Gehäuse (Anmerkung der Redaktion: Für „Rotierende elektrische Maschinen“ ist DIN-VDE 0530 deutsch in Angleichung an IEC verfügbar.)

Transformatoren

76-1 (1976): Leistungstransformatoren, 1. Teil: Allgemeines

Nomenklatur

50 (602) (1983): Richtlinie zur Nomenklatur von Turbinen, Pumpturbinen und Speicherpumpen. International Electrotechnical Vocabulary.

4 Kostenermittlung und Wirtschaftlichkeit

4.1 Vorbemerkungen

Wenn in einem „Leitfaden für Kleinwasserkraftwerke“ die wichtige Frage nach der Wirtschaftlichkeit gestellt wird, dann können die Ausführungen für den jeweiligen Einzelfall nur Hinweise und Hilfestellungen bieten. Die unterschiedlichen Arten der Kleinwasserkraftprojekte (Neubau, Umbau, Mischformen) oder ihrer Randbedingungen (Topographie, Bodenqualitäten, vorrangige Zielsetzung der Gesamtanlage, wasserrechtliche Auflagen) enthalten zu viele Kostenkonstellationen, als daß nach vereinheitlichtem Schema und Diagrammen eine rasche Antwort auf eine ganz spezifische Frage gegeben werden könnte. Alle generalisierenden Angaben älterer und jüngerer Literatur, auch die in diesem Beitrag, haben erhebliche Streubreiten und liefern deshalb nur erste Näherungswerte. Diese Werte reichen allerdings im frühen Planungsstadium vollkommen aus. In einem zweiten Schritt ist die fallbezogene, detaillierte Kostenberechnung natürlich unumgänglich.

Die „Wirtschaftlichkeit“ kann hier auch nur ausschließlich aus der Sicht des Bauherrn vorgetragen und verstanden werden. Weitergehende Aspekte wie energie- und umweltpolitische Überlegungen bleiben in diesem Kapitel ebenso außer acht wie volkswirtschaftliche Gesichtspunkte. Die nachfolgenden Ausführungen schränken somit die Wirtschaftlichkeitsbetrachtung auf eine Aufwands- und Ertragsberechnung ein. Die Rentabilität wird dann gegeben sein, wenn sich nach privatwirtschaftlichen Gesichtspunkten ein Gewinn errechnen läßt.

4.2 Kosten

Kosten lassen sich grundsätzlich in die des Anlagevermögens (Investitionskosten) und die des Umlaufvermögens (Betriebskosten) aufteilen.

4.2.1 Investitionskosten (Neubau)

Die hier angegebenen Schätzwerte für die Investitionskosten basieren auf den Zahlen ausgeführter Anlagen, die über einen längeren Zeitraum hinweg zur Durchschnittsbildung verwendet worden sind.

Dabei stellt sich heraus, daß sie sich in Abhängigkeit von der installierten Leistung P [kW] und der Ausbaufallhöhe h_f [m] formelmäßig wie folgt in guter Näherung darstellen lassen, ohne daß weitere Kraftwerkseigenschaften bekannt sein müssen:

$$K = C \times \left(\frac{P}{h_f^{0,3}} \right)^y \qquad (4.1)$$

K	=	Kosten	[DM]
y	=	Konstante	[-]
C	=	Konstante	[DM]
P	=	Anlagenleistung	[kW]
h_f	=	Ausbaufallhöhe	[m]

In den folgenden Kapiteln werden die Schätzkosten der einzelnen Gewerke als Durchschnittswerte mit dieser Formel dargestellt, wobei die Konstante C und der Exponent y für jeden einzelnen Fall unterschiedlich sind.

Diese Formeln sind für neue Niederdruck-Anlagen in Deutschland mit einer installierten Leistung unter 2000 kW und einer Fallhöhe bis zu 15 m anwendbar. Bei Anlagen mit größerer Fallhöhe wirken sich zunehmend auch Einflüsse der Turbinenauswahl aus, was sich formelmäßig nicht mehr in so einfacher Form darstellen läßt und daher hier nicht weiter behandelt werden soll. Alle nachfolgende Preisangaben sind auf das Jahr 1994 bezogen. Kostenanpassungen für spätere Investitionen sind z. B. entsprechend den Angaben des Statistischen Bundesamtes hochzurechnen.

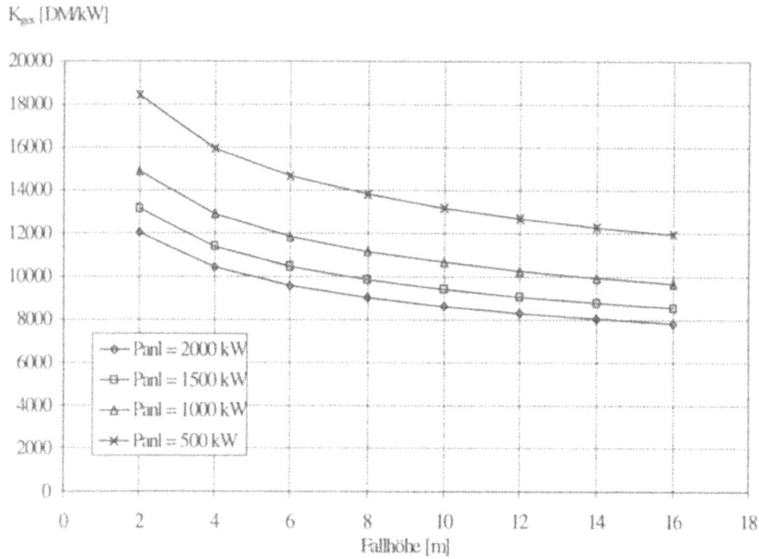

Bild 4.1: Spezifische Investitionskosten für den Neubau einer Kleinwasserkraftanlage (Preisbasis 1994)

Bild 4.1 zeigt die Abhängigkeit der spezifischen Gesamtkosten K_{Ges} von der Fallhöhe und der installierten Anlagenleistung für einen statistischen Mittelbereich. Hier ist deutlich zu erkennen, daß die spezifischen Kraftwerkskosten mit steigender Leistung bzw. wachsender Fallhöhe sinken. Abweichungen von bis zu 50 % von den dargestellten Kurven sind im Einzelfall möglich, was auf die individuellen Randbedingungen (ungünstiger/günstiger) zurückzuführen ist.

4.2.1.1 Grunderwerb, Erschließung

Die Kosten des Grunderwerbs sind nur bedingt abhängig von der Ausbauleistung eines geplanten Kraftwerkes, so daß hierzu keine Angaben gemacht werden können, ohne die Lage und die Verhältnisse zu kennen.

Die Erschließungskosten hängen insbesondere von der Lage der Anlage in bezug auf das anzuschließende Versorgungs- und Entsorgungsnetz und den sonstigen, örtlichen Verhältnissen ab; pauschale Nennungen von Erschliessungskosten sind in diesem Rahmen daher unmöglich.

4.2.1.2 Baukosten

Genaue Angaben über den Umfang aller notwendigen Baumaßnahmen für eine Wasserkraftanlage und den daraus resultierenden Baukosten sind nur zu machen, wenn die örtlichen Gegebenheiten eindeutig bekannt sind. Dieses gilt besonders für die Wehranlage und deren begleitenden Baumaßnahmen. Einflußfaktoren, wie beispielsweise geologische und topographische Verhältnisse, Größe und Häufigkeit von Hochwassern, Geschiebeführung werden in der Praxis die Kosten der Bauteile von Anlage zu Anlage stark variieren lassen. Mit folgender Formel können die Baukosten K_a abgeschätzt werden:

$$K_a = 54696 \times \left(\frac{P}{h_f^{0,3}} \right)^{0,71} \qquad (4.2)$$

Landschaftspflegerische Begleitmaßnahmen, wie Begrünung o. ä. können zusätzlich näherungsweise mit rund 5 % der oben ermittelten Baukosten angenommen werden.

4.2.1.3 Ausrüstungen

Bei den nachfolgenden Schätzkosten der Ausrüstungen einer Kleinwasserkraftanlage unterscheiden wir global zwischen den maschinenbaulichen, elektrotechnischen und stahlwasserbaulichen Komponenten.

4.2.1.3.1 Maschinenbauliche Ausrüstung

Sie besteht im wesentlichen aus Turbine, Turbinenregler, Getriebe, Kühlwasserversorgung, Entwässerungs- und Lüftungseinrichtung.

Ein Getriebe wird in der Regel nur bei kleinen Fallhöhen vorgesehen, um die relativ niedrige Turbinendrehzahl auf eine wirtschaftliche Generatordrehzahl zu erhöhen.

Bei Kleinwasserkraftturbinen kann man in vielen Fällen auf standardisierte Ausführungen zurückgreifen, die heute von vielen Turbinenherstellern katalogähnlich angeboten werden.

Die wesentlichen Einflußfaktoren zur Abschätzung der Kosten der Maschinen sind die Abmessungen und die Fallhöhe. Die Abmessungen hängen bekanntlich von der Maschinenleistung oder von dem Durchfluß und der Fallhöhe ab. Konstruktiv bedeutet eine größere Fallhöhe bei gleichem Durchfluß stärker dimensionierte Maschinenteile und damit höhere Kosten.

Da vor einer Planung genauere Auslegungsdaten der Turbine(n) noch nicht festliegen, sollen auch hier die Schätzkosten als Funktion der Leistung und der Fallhöhe ermittelt werden.

Unter Anwendung der eingangs beschriebenen Formel (4.1) ergeben sich die Schätzkosten K_m für die maschinenbauliche Ausrüstung bei z Maschineneinsätzen wie folgt:

$$K_m = 36067 \times \left(\frac{P}{z \times h_f^{0,3}} \right)^{0,65} (z + 0,1) \qquad (4.3)$$

Bei Kleinwasserkraftwerken können unterschiedliche Turbinentypen zur Verwendung kommen. Die Kostenunterschiede werden jedoch mit der hier angegebenen Formel nicht betrachtet, die Schätzkosten sind Durchschnittswerte.

Allgemein kann gesagt werden, daß im Gegensatz zu größeren Wasserkraftanlagen der Kostenanteil der maschinenbaulichen Ausrüstung zu den Gesamtkosten verhältnismäßig hoch, d. h. zwischen 20 und 30 % liegt, siehe Bild 4.2.

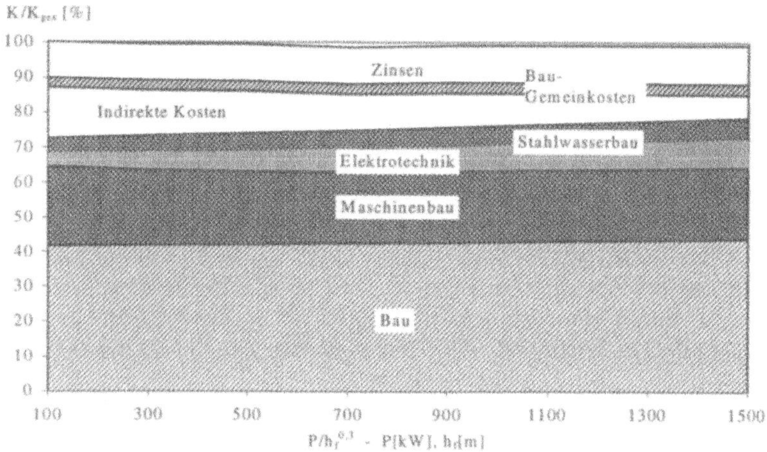

Bild 4.2: Kostenaufteilung der einzelnen Kostenarten an den Neubaugesamtkosten (Preisbasis 1994)

4.2.1.3.2 Elektrotechnische Ausrüstung

Die in Betracht genommenen elektrotechnischen Komponenten bestehen im wesentlichen aus Generator mit Schwungrad, Transformator, Hauptschaltanlage, Maschinensteuerung mit Schutz und Überwachungseinrichtungen für vollautomatischen Betrieb und Eigenbedarfsanlage einschließlich Gleichstromversorgung.

Bei den ins Niederspannungs- oder Mittelspannungsnetz einspeisenden Kleinanlagen können sowohl Asynchron- wie auch Synchrongeneratoren zum Einsatz kommen.

Die Kosten für die elektrotechnischen Ausrüstungen K_e können wie folgt abgeschätzt werden:

$$K_e = 1440 \times \left(\frac{P}{h_f^{\,0,3}} \right)^{0,98} \qquad (4.4)$$

Diese Funktion ist als grobe Näherung benutzbar, solange keine genauere Voruntersuchung zu definitiven Generatordaten, wie Leistung [kVA], Drehzahl [min^{-1}] führte und die weiteren elektrotechnischen Anlagenteile noch nicht feststehen.

4.2.1.3.3 Stahlwasserbauliche Ausrüstung

Der Umfang des Stahlwasserbaus einer Anlage kann nicht verallgemeinert festgelegt werden, da dieser von dem Zweck der Gesamtanlage abhängt und oft nicht in ein direktes Verhältnis zur Kraftwerksausbauleistung zu bringen ist.

So kann beispielsweise bei einer Trinkwassersperre oder einer Talsperre für den Hochwasserschutz der Bau eines Kraftwerkes, das vielleicht nur mit einer kleinen Mindestwasserabgabe (Bild 3.2) als Triebwasser gefahren wird, ein Nebenprodukt der gesamten Anlage sein. Der Stahlwasserbau der Gesamtanlage (Grundablaß, Hochwasserentlastung, usw.) könnte in diesem Fall überhaupt nicht auf die Kraftwerkskomponente/-leistung bezogen werden.

Für eine erste Schätzung der Kosten könnte man folgende Komponenten als „Grundausstattung“ für eine Kleinwasserkraftanlage annehmen: Einlaufrechen, Rechenreinigungsmaschine, Einlauf- und Auslaufverschlußorgan.

Es ist hierbei zu berücksichtigen, daß unterschiedliche konstruktive Ausführungen zu erheblichen Kostenunterschieden führen können.

Führt man z. B. das Einlaufschließorgan als hydraulisch betätigtes Rollschütz (Betriebsverschluß) aus, kostet dieses wesentlich mehr als ein mit Autokran zu betätigender Dammbalken (Revisionsverschluß).

Für eine Kostenschätzung für o. g. „Grundausstattung“ des Stahlwasserbaus für eine Kleinwasserkraftanlage mit einem einzigen Maschinensatz kann Formel 4.5 verwendet werden.

Hierbei wurden zur Ermittlung der Kosten K_{st} die Komponenten Einlaufschütz, Einlaufrechen mit Rechenreinigungsmaschine, Einlaufpanzerung und Auslauf- Dammtafel berücksichtigt. Für die Kosten K_{st} der stahlwasserbaulichen Ausrüstungen gilt:

$$K_{st} = 2904 \times \left(\frac{P}{h_f^{0,3}} \right)^{0,84} \qquad (4.5)$$

4.2.1.4 Indirekte Baukosten

Zu den indirekten Baukosten gehören die Ingenieur-Honorare für die Planung und Bauleitung, die Versicherungsbeiträge, Vermessungsgebühren und Kosten für die notwendigen Baugruppenuntersuchungen und Grundwasserbeobachtungen.

Die Ingenieur-Honorare belaufen sich, entsprechend der Verordnung über die Honorare für Leistungen der Architekten und der Ingenieure (HOAI,

Stand 1.1.1991), je nach den Planungsanforderungen, bei sehr kleinen Anlagen zwischen 15 und 17 % und bei großen Anlagen von beispielsweise 10 Mio. DM anrechenbaren Kosten noch zwischen 6 und 8 % dieser anrechenbaren Kosten.

Die restlichen, oben erwähnten Kostenanteile und Beiträge können mit 2,5 bis 3 % der direkten Baukosten (Kap. 4.2.1.3) angesetzt werden, so daß der Gesamtanteil der indirekten Baukosten je nach Anlagengröße zwischen 8,5 bis 20 % der direkten Baukosten betragen kann.

4.2.1.5 Baugemeinkosten

Die Baugemeinkosten umfassen die Rechts- und Bankgebühren, Genehmigungsgebühren und den Verwaltungsaufwand. Sie können in erster Näherung mit 3 bis 4 % der direkten Baukosten gemäß Kap. 4.2.1.3 angenommen werden.

4.2.1.6 Bauzinsen

Zur Bestimmung der Bauzinsen ist das Investitionskapital mit den jeweiligen gültigen Kapitalzinsen über die angenommene Bauzeit zu berechnen.

Bei kleinen Wasserkraftanlagen ist in Abhängigkeit von der Komplexität in der Regel mit einer Bauzeit von 18 bis 30 Monaten zu rechnen.

4.2.1.7 Genaue Kostenrechnung

Im weiteren Verlauf der Planungsüberlegungen wird der Betreiber die Phase erreichen, in der er ohne die Detailrechnung, besonders für die Auswertung von wirtschaftlichen Alternativen, nicht mehr auskommt. Es wird deshalb empfohlen, eine standortspezifische Vorplanung durch ein erfahrenes Planungsbüro durchführen und von ihm die erforderlichen Baumassen, Ausrüstungen und weitere spezifische Anlagedaten bestimmen zu lassen.

Dies gilt besonders dann, wenn das Projekt auch Umbauarbeiten erfordert oder die Erweiterung eines bestehenden Kraftwerks bedeutet. In solchen Fällen ist mit Zuschlägen zu rechnen bei den Baukosten (Abbrucharbeiten, Baugruben, Ausbesserungen, Sandstrahlen, Wasserhaltung, Hochwassersicherung usw.), den Maschinenkosten (Handbedienung oder Automatisierung, Turbinenart/Austausch der Type, Zustand der Maschinen usw.) oder der elektrotechnischen Ausstattung.

Bei Umbaumaßnahmen können sich also alle Relationen völlig verschieben. So werden hier in der Regel nicht etwa wie bei Neubaumaßnahmen die Baukosten an erster Stelle stehen, sondern Maschinenkosten oder die Kosten für die elektrotechnische Ausstattung. Mancher Umbau, auch mancher Stauerhöhungsantrag, kann möglicherweise mit relativ niedrigen Baukosten, aber nur mit ganz erheblichen Projektierungs- und Verfahrenskosten abgeschlossen werden.

Mit der Ermittlung der Investitionskosten, gleichgültig ob Neubau, Umbau oder Reaktivierung, muß nach allgemeinen Erfahrungssätzen auch die Lebensdauer bzw. Restlebensdauer berücksichtigt werden. Je nach Qualität wird sie unterschiedlich sein. Sie wird auch in der einschlägigen Literatur uneinheitlich beurteilt. Die steuerlichen Richtlinien für die Bewertung von Wassernutzungen bei der Vermögenssteuer-Hauptveranlagung (Wassernutzungsrichtlinien WNR 1980/1986) geben eine andere Lebensdauer an als die vom Deutschen Verband für Wasserwirtschaft und Kulturbau (DVWK) herausgegebenen Leitlinien zur Durchführung der Nutzen-Kosten-Analyse.

Für Grundstücke können 100 Jahre und mehr in Ansatz gebracht werden. Für feste Bauteile, Kanäle, Betonbauwerke, Stollen usw. sind rd. 60 Jahre angemessen. Bei Maschinenteilen und bei der Elektrotechnik ist mit maximal 30 Jahren zu rechnen.

Aufgrund der geschätzten Lebensdauer läßt sich der Afa-Satz (Absetzung für Abschreibung) ermitteln.

In der Phase der genauen Kostenrechnung sind also Fachkenntnisse erforderlich. Der Fachmann würde dabei etwa nach der Tabelle 4.1 vorgehen, die hier natürlich nur den Charakter einer Richtschnur haben kann.

Kostengliederung		Herstellungs -kosten [DM]	Lebens- dauer [a]	Afa [DM/a]	Zins [%]	Tilgung [DM/a]
1.	Grundstückskosten					
2.	Baukosten:					
2.1	Wasserfassung					
2.2	Wehr					
2.3	Fischpaß					
2.4	Gewässeranpassung					
2.5	Einlaufbauwerk					
2.6	Sand-/Kiesschleuse					
2.7	Rechenbauwerk					
2.8	Oberwasserkanal					
2.9	Wasserschloß					
2.10	Druckrohrleitung					
2.11	Kraftwerk - Tiefbau					
2.12	Kraftwerk - Hochbau					
2.13	Unterwasserkanal					
2.14	Wegebauten					
2.15	Sonstige Baukosten					
3.	Maschinenkosten					
3.1	Bewegliche Wehrverschlüsse					
3.2	Einlaufschützen					
3.3	Rechenanlage					
3.4	Rechenreiniger					
3.5	Turbinen					
3.6	Getriebe					
3.7	Verschlüsse/Schieber					
3.8	Krananlage					
3.9	Sonstige Maschinen					
4.	Elektrotechnische Ausstattung					
4.1	Elektr. Regeleinrichtung					
4.2	Schaltanlagen					
4.3	Schutzeinrichtungen					
4.4	Generatoren					
4.5	Synchronisationsanlagen					
4.6	Verkabelungen					
4.7	Freileitungen					
4.8	Transformatoren					
4.9	Sonstige Motoren usw.					
5.	Sonstige Kosten:					
5.1	Projekterhebung/Vorentwurf					
5.2	Planungskosten					
5.3	Verfahrenskosten/Gebühren					
5.4	Gutachten					
5.5	Kosten der Bauleitung					
	Summe					

Tabelle 4.1: Tabelle zur Erfassung der wichtigsten Gewerke und der zugehörigen Daten für die Kostenkalkulation

4.2.2 Betriebskosten

Die jährlichen Betriebskosten werden im wesentlichen durch folgende Komponenten bestimmt:

4.2.2.1 Betrieb, Instandhaltung und Verwaltung

Bei älteren Anlagen dominieren eindeutig die Personalkosten. Mit zunehmender Automatisierung des Wasserkraftbetriebes lassen sich diese Kosten vermindern. In den meisten Fällen bleiben sie jedoch ein hoher Betriebskostenanteil, da auch eine automatisch arbeitende Rechenreinigungsanlage überwacht werden muß und das Verbringen des geborgenen Rechengutes teilweise sehr aufwendig ist. Sie sind mehr von der Charakteristik des Gewässers (Treibgut, Hochwasserentlastung) und vom Grad der Automation abhängig als von der Ausbaugröße der Anlage.

Daneben entstehen Kosten für Betriebsmittel wie Öle und Fette, für Reparaturen und Fahrleistungen mit LKW und PKW. Eine Aufstellung evtl. möglicher sonstiger Kosten ist in Bild 4.1 enthalten, welches allerdings keinen Anspruch auf Vollständigkeit erhebt.

Für eine Abschätzung der sonstigen Kosten kann hierzu folgende Funktion angewandt werden:

$$K_{sk} = 1730 \times P^{0,55} \qquad (4.6)$$

Ausfallzeiten durch Stillstand bei Instandsetzungsarbeiten sind hierin kostenmäßig jedoch nicht eingeschlossen.

Damit wird sich herausstellen, daß diese Aufwendungen in der Größenordnung von 1 % der Investitionskosten liegen (über die gesamte Betriebszeit).

4.2.2.2 Kapitaldienst

Diese Kosten hängen von der Abschreibungsdauer (s. Tab. 4.1) und dem Zinssatz ab.

Von Zeit zu Zeit verfügbare, staatliche Zuschüsse (Investitionszulage, Förderungsbeiträge für regenerative Energiequellen etc.) können den Kapitaldienst reduzieren.

Die Förderungsmaßnahmen des Bundes sind in den vergangenen Jahren wieder zurückgenommen worden (Investitionszulage 7,5 % bzw. steuerliche Vergünstigung vom 26.10.1944 ff.), so daß derzeit nur Fördermöglichkeiten der Länder oder in Ausnahmefällen das Demonstrationsprogramm der Europäischen Gemeinschaft eine Anschubfinanzierung und eine Verbesserung der Rendite bewirken können. Solche staatlichen Maßnahmen sind zeitlich befristet und in der Höhe begrenzt. Sie sind deshalb im Einzelfall zu erfragen. In Baden-Württemberg fördert das Land im Interesse einer emissionsfreien Stromerzeugung den Neubau, Ausbau und die Modernisierung von kleinen Wasserkraftanlagen (bis 1 MW elektrische Leistung). Der gewährte Zuschuß beträgt mindestens 10 v. H. und maximal 20 v. H. der zuwendungsfähigen Aufwendungen.

Förderanträge können beim Landesgewerbeamt Baden-Württemberg, Willi-Bleicher-Str. 19, 70174 Stuttgart, eingereicht werden.

4.2.2.3 Steuern, Gebühren

Zu berücksichtigende Steuern sind Gewerbe-Kapital-Steuer, Gewerbe-Ertrags-Steuer, Vermögenssteuer sowie Körperschaftssteuer. Ferner ist von Fall zu Fall mit der Entrichtung einer Wassernutzungsgebühr zu rechnen.

4.3 Ertrag

Der Ertrag, den eine Kleinwasserkraftanlage erbringen kann, ist sehr stark abhängig von der Verwendungsart der erzeugten Energie.

Mechanische Antriebe auf Mühlen- und Sägewerksmaschinen und somit eine unmittelbare Kraftübertragung kommen nur noch selten und dann auch nur bei Kleinstanlagen vor. Zur Ertragsermittlung ist der Eigenverbrauch und damit die Einsparung von grundbezogener elektrischer Energie festzustellen.

In den meisten Fällen wird jedoch die mechanische Energie der Turbine im Generator in elektrischen Strom umgewandelt, so daß eine eindeutige Messung sowohl des Eigenverbrauches als auch der Energieabgabe in das öffentliche Versorgungsnetz möglich ist.

Die Höhe des Strompreises ist entscheidend für die Ertragsberechnung. Sie ist nach verschiedenen Gesichtspunkten gestaffelt (s. Kapitel 6 „Verwendungsart"). Bild 4.3 soll eine Hilfe für die Berechnung des jeweiligen Falles sein.

Neben den Stromeinnahmen und der Bewertung des Eigenverbrauches fallen kaum noch Erträge an. Vielleicht können solche noch aus Vermietung von Grundstücksflächen oder aus Verpachtung eines Fischwassers entstehen, was aber nur mittelbar mit der Wasserkraftnutzung zu tun hat.

1. AUFWAND		
1.1 Kosten des Anlagevermögens		
Grundsteuer	.... DM/a	
Zinsen	.... DM/a	
Tilgungen	.... DM/a	
Abschreibungen (Afa)	.... DM/a	
Sonstige Kosten	.... DM/a	
		.... DM/a
1.2 Kosten des Umlaufvermögens		
Personalkosten	.... DM/a	
Betriebsmittel:		
Öl/Fette ....DM/a		
Reparaturen ....DM/a		
Fahrzeuge ....DM/a	.... DM/a	
Versicherungsbeiträge	.... DM/a	
Steuern	.... DM/a	
Beiträge, Gebühren	.... DM/a	
Unterhaltungskosten am Gewässer	.... DM/a	
		.... DM/a
Summe 1 - Aufwand		.... DM/a
2. ERTRAG		
2.1 Stromerzeugung*)		
...kWh x ...DM/kWh =	.... DM/a	
Bewertbare Leistung:		
...kW x ...DM/kW x a =	.... DM/a	
		.... DM/a
2.2 Sonstige Einnahmen		
Vermietung	.... DM/a	
Verpachtung	.... DM/a	
		.... DM/a
Summe 2 - Ertrag		.... DM/a
3. ÜBERSCHUSS (s. o. angegeben)		
Summe 2 - Ertrag		.... DM/a
./. Summe 1 - Aufwand		.... DM/a
4. GEWINN pro kWh		.... DM/a

Bild 4.3: Berechnungsschema zur Aufwands- und Ertragsberechnung

*) 14,11 DPf/kWh einheitlich bis 500 kW, darüber 12,23 DPf/kWh; ET = Einheitstarif (Stand: 1.1.94)
(Gesetz über die Einspeisung aus erneuerbaren Energien in das öffentliche Netz (v. 07.12.90))

4.4 Wirtschaftlichkeit

Von einer Wirtschaftlichkeit kann nur dann gesprochen werden, wenn die Summe der Erträge die Summe der Aufwendungen übersteigt. Hier wird im konkreten Fall deutlich, wie entscheidend die Investitionskosten, die angesetzte und eingeschätzte Lebensdauer bzw. Restlebensdauer und somit der Afa-Anteil ist. Im Einzelfall können steuerliche Gesichtspunkte die Wirtschaftlichkeit erheblich beeinflussen, so daß diese aus betriebswirtschaftlicher Sicht mit einbezogen werden müssen. Zins und Tilgungsraten für das eingesetzte Kapital werden von den Bedingungen des Kreditgebers bzw. der Banken bestimmt und orientieren sich am Kapitalmarkt. Die Amortisationszeiten (Jahre) für Kleinwasserkraftanlagen hängen aber auch von Strompreisänderungen (real ca. 2 %) und vom Diskontierungszinssatz (real ca. 3.0 %) ab. So sind Amortisationszeiten unter 20 Jahren in der Regel nur zu erreichen bei weitgehender hochwertiger Eigenverwendung des Stromes oder bei einer entscheidenden und wirksamen staatlichen Anfangsinvestitionsförderung.

Es sei aber auch an dieser Stelle noch einmal erwähnt, daß die heterogenen Einflußfaktoren bei Modernisierung, Umbau oder Neubau, die vielfältigen Möglichkeiten beim Baugeschehen sowie bei der Maschinen- und Elektrotechnik es schwer machen, ein einheitliches Schema zur Wirtschaftlichkeit eines Kleinwasserkraftwerkes zu entwickeln. Die gründliche Analyse des Einzelfalles ist deshalb immer wieder unumgänglich.

5 Verwendungsart und finanzielle Bewertung des erzeugten Stroms

5.1 Eigenbedarf/Netzeinspeisung

Der eigenerzeugte Strom kann vom Betreiber vorrangig zur Deckung seines eigenen Strombedarfs eingesetzt werden. Sofern kein eigener Strombedarf vorliegt oder dieser niedriger als die Eigenerzeugung ist, nimmt das örtliche Energieversorgungsunternehmen (EVU) den überschießenden Strom gegen Vergütung eines bundeseinheitlichen Rückliefererpreises in sein Netz auf (s. „Gesetz über die Einspeisung von Strom aus erneuerbaren Energien in das öffentliche Netz“ v. 07.12.90).

Neben der Einspeisung in das öffentliche Netz beansprucht der Betreiber in der Regel auch Strombezüge von dort. Diese Bezüge treten auf, wenn die Eigenerzeugung zeitweise oder dauernd niedriger ist als der Eigenbedarf (Zusatzlieferung) und wenn die Eigenerzeugungsanlage störungsbedingt ausfällt (Reservelieferung).

Im Zusammenhang mit dem Rückliefererpreis wird verschiedentlich kritisiert, daß für die Einspeisung ins öffentliche Netz geringere Preise gezahlt werden als ein Strombezieher für seinen Strombezug an das EVU zahlen muß. Diese Preisdifferenz ist sachlich gerechtfertigt, da die aus dem öffentlichen Netz bereitgestellte Energie eine höhere Qualität besitzt als die aus Eigenerzeugungsanlagen zurückgelieferte Energie. Rücklieferungen aus Eigenerzeugungsanlagen erfolgen weitgehend ungesichert (Ausfallrisiko), während das EVU durch ein umfangreiches Versorgungsnetz und die ständige Bereithaltung von Reserveleistung eine gesicherte Stromversorgung gewährleistet. Außerdem ist die durch das EVU gewährleistete hohe Spannungs- und Frequenzkonstanz ebenfalls mit hohen Kosten verbunden.

Die finanzielle Bewertung des eigenerzeugten Stroms hängt sehr stark von den individuellen Verhältnissen ab und muß in jedem Einzelfall - auf der Grundlage einer eingehenden Analyse - ermittelt werden.

5.2 Erzeugungsverluste durch Mindestwasserabgabe

5.2.1 Allgemeines

Grundlagen für eine finanzielle Bewertung der Erzeugungsverluste durch „Mindestwasser“ sind die Ermittlung der jährlichen Erzeugungsverluste und die Berücksichtigung der jeweiligen Bewertung der nicht erzeugten elektrischen Energie.

5.2.2 Erzeugungsverluste

Der jährliche Erzeugungsverlust A_R läßt sich überschlägig ermitteln nach der Formel:

$$A_r = (9{,}81 \times \eta_G \times \eta_T) \times Q_{Min} \times h_f \times 24 \times n \quad \text{[kWh/a]} \qquad (5.1)$$

Hierin bedeuten:

9,81	=	Wichte von Wasser (g × ρ)	[kN/m³]
η_T	=	Turbinenwirkungsgrad	[-]
η_G	=	Generatorwirkungsgrad	[-]
Q_{Min}	=	geforderter Mindestwasserabfluß	[m³/s]
h_f	=	Fallhöhe	[m]
u	=	Umrechnungsfaktor	[d/a]
n	=	Anzahl Tage/a, an denen der Abfluß den Ausbaudurchfluß des Wasserkraftwerks unterschreitet. An den übrigen Tagen des Jahres fließt ohnehin ein größerer Durchfluß im Fluß.	

Beispiel für Kleinwasserkraftanlage:

Wichte Wasser × Wirkungsgrade (als Mittelwert)	$(9{,}81 \times \eta G \times \eta T)$	= 7 bis 8 kN/m3
geforderter Mindestwasserabfluß	Q_{Min}	= 0.5 m³/s
Fallhöhe	h_f	= 5 m WS
Anzahl der Tage/a	n	= 225 Tage/a

Erzeugungsverlust:

$$A_r = 7{,}5 \times 0{,}5 \times 5 \times 24 \times 225 = 101.250 kWh/a$$

5.2.3 Bewertung des Erzeugungsverlusts

In Abhängigkeit vom jeweiligen Betreiber einer Wasserkraftanlage lassen sich unterschiedliche Bewertungen des durch „Mindestwasser“ verursachten Erzeugungsverlusts festlegen.

In beiliegender Tabelle sind als Möglichkeiten für Betreiber aufgeführt:

- Privatmann

- Industriebetrieb
- Stadtwerk
- Regionaler öffentlicher Stromversorger
- Überregionaler öffentlicher Stromversorger.

Als Möglichkeiten der Bewertung werden genannt:

- Erlösminderung bei Weiterverkauf an private Abnehmer
- Erlösminderung bei Weiterverkauf an öffentliche Stromversorger
- Ersatzstrombezug gleicher Qualität vom Vorlieferant
- Ersatzstrom gleicher Qualität aus alternativen Quellen
- Ersatzstrom durch Ausbau von Wasserkraft.

Die Tabelle zeigt, daß nicht in allen Fällen die verschiedenen Möglichkeiten von Betreiber und Bewertung zu realisieren sind.

Als konkrete Beispiele lassen sich darlegen:

<u>Beispiel 1:</u> (siehe Tabelle 5.1, A/2, B/2)

Betreiber: Privatmann oder Industriebetrieb
Bewertung: Erlösminderung bei Weiterverkauf an öffentlichen Stromversorger

In diesem Fall wird der Betreiber die Rückliefererpreise seines EVU ansetzen. Sie betragen bundeseinheitlich derzeit 14,11 DPf/ kWh (Stand 1. Januar 1994) für Wasserkraftanlagen < 500 kW.

<u>Beispiel 2:</u> (siehe Tabelle 5.1, B/3)

Betreiber: Industriebetrieb
Bewertung: Ersatzstrombezug gleicher Qualität vom Vorlieferant

In diesem Fall wird der Betreiber die Bezugskosten von öffentlicher Stromversorgung ansetzen unter Berücksichtigung von Sondervertragstarifen und Preisstaffelung. Als Größenordnung der Bezugskosten kann derzeit von ca. 30 - 40 DPf/kWh ausgegangen werden.

Zu Beispiel 1 und 2 ist zu bemerken, daß unter volkswirtschaftlicher Betrachtung die Bewertung entsprechend Beispiel 3 vorzunehmen ist.

<u>Beispiel 3:</u> (siehe Tabelle 5.1, E/4)

Betreiber: Überregionaler öffentlicher Stromversorger
Bewertung: Ersatzstrom gleicher Qualität aus alternativen Quellen

Eine Kette von Kanalkraftwerken wird durch Festlegung von „Mindestwasser“ in bisheriger Leistung und Erzeugung gemindert.

Leistungsminderung rd. 2000 kW

Erzeugungsverlust rd. 14 GWh/a

Der Ersatzstrom wird aus Steinkohlekraftwerken bezogen. Unter Ansatz von Festkosten für die Leistung als Annuität über 20 Jahre von 385 DM/kW und beweglichen Kosten für die Erzeugung bei Verwendung von unbezuschußter deutscher Kohle, Annuität über 20 Jahre, von 12,23 DPf/kWh ergeben sich Jahreskosten (nach Preisstand 1994):

Fixkostenanteil:	2000 kW × 385 DM/kW	= 0,77 Mio. DM/a
Variabler Kostenanteil:	14 GWh × 0.12 DM/kWh	= 1,71 Mio. DM/a
Jahreskosten:		= 2,48 Mio. DM/a
Daraus ergeben sich		17,8 DPf/kWh

Beispiel 4: (siehe Tabelle 5.1, E/5)

Betreiber: Überregionaler öffentlicher Stromversorger
Bewertung: Ersatzstrom durch Ausbau von Wasserkraft

In Sonderfällen kann es möglich sein, daß der im alten Flußbett verbleibende Mindestwasserabfluß an dort vorhandenen Wehranlagen genutzt werden kann. Damit wäre ein teilweiser Ausgleich des Erzeugungsausfalls möglich. Die Bewertung müßte sich in diesem Fall an den Kosten für Bau und Betrieb neuer Wasserkraftanlagen orientieren.

Denkbar wäre auch der Fall, daß an einem anderen Fluß als Ersatz für den Erzeugungsausfall ein neues Wasserkraftwerk errichtet würde. Für die Bewertung gilt das oben Gesagte.

Zweckmäßig wäre in diesen Sonderfällen die Ermittlung des Kapitals als Barwert, das erforderlich ist, die neuen Wasserkraftwerke zu bauen und zu betreiben. Im Nachfolgenden wird die Berechnungsweise für eine Kette von Kanalkraftwerken dargelegt, bei denen ein teilweiser Ausgleich des Erzeugungsausfalls von rd. 16 GWh durch Zubau von zwei neuen Kleinwasserkraftwerken mit Jahreserzeugung von rd. 4 GWh an vorhandenen Wehren im alten Flußlauf erzielt werden kann.

Daten der zwei neuen Kleinwasserkraftwerke:

Ausbauleistung rd. 2 × 400 kW	800 kW
Jahreserzeugung	rd. 4 GWh
Gesamtherstellungskosten	rd. 8 Mio. DM
jährliche Betriebskosten (davon Personalkosten rd. 0,05 Mio. DM) (davon Sachkosten rd. 0,05 Mio. DM)	rd. 0,10 Mio. DM
Betrachtungszeitraum	40 Jahre

Zinssatz	7 %
Preissteigerung/a	3 %
Personalgemeinkosten	30 %
Verwaltungsgemeinkosten (Steuern nicht berücksichtigt)	5 %

Als Barwert werden rd. 11 Mio. DM ermittelt, d. h. für diesen Betrag lassen sich die beiden Kleinwasserkraftwerke bauen und 40 Jahre betreiben. Durch ihren Betrieb lassen sich 4 GWh von insgesamt 16 GWh Erzeugungsverlust ausgleichen. Die durchschnittlichen Erzeugungskosten betragen rd. 20 DPf/ kWh.

		1	2	3	4	5
	Bewertung: **Betreiber:**	Erlösminderung bei Weiterverkauf an private Abnehmer	Erlösminderung bei Weiterverkauf an öff. Stromversorger	Ersatzstrombezug bei Weiterverkauf an öff. Stromversorger	Ersatzstrom gleicher Qualität aus alternativen Quellen	Ersatzstrom durch Ausbau von Wasserkraft
A	Privatmann	entgangener Erlös	Erlös aus Rücklfg. (Rücklieferpreise) (1)	Bezugskosten von öff. Stromversorger Haushaltstarife Preisstaffelung	-----	Baukostenzuschuß z. B. als Barwert des Ersatzstrombezuges
B	Industriebetrieb	entgangener Erlös	Erlös aus Rücklfg. (Rücklieferpreise) (1)	Bezugskosten von öff. Stromversorgern Sondervertragstarife Preisstaffelung (2)	Kosten für Ausbau zur Eigenerzeugung	Baukostenzuschuß z. B. als Barwert des Ersatzstrombezuges oder zusätzl. Eigenerzeugung
C	Stadtwerk	-----	-----	Bezugskosten von öff. Stromversorgern Sondervertragstarife Preisstaffelung	Kosten für Ausbau der Eigenerzeugung	Baukostenzuschuß z. B. als Barwert des Ersatzstrombezuges oder zusätzl. Eigenerzeugung
D	Regionaler öff. Stromversorger	-----	-----	Bezugskosten von öff. Stromversorgern Sondervertragstarife Preisstaffelung	Kosten für Ausbau der Eigenerzeugung	Baukostenzuschuß z. B. als Barwert des Ersatzstrombezuges oder zusätzl. Eigenerzeugung
E	überregionaler öff. Stromversorger	-----	-----	-----	Kosten für Ausbau der Eigenerzeugung (3)	Baukostenzuschuß z. B. als Barwert des Ersatzstrombezuges oder zusätzl. Eigenerzeugung (4)

Tabelle 5.1: Finanzielle Bewertung der Erzeugungsverluste durch Mindestwasserabgabe (1, 2, 3, 4 siehe Beispiele)

6 Rechtsfragen beim Neubau oder Ausbau von Kleinwasserkraftanlagen in Baden-Württemberg

6.1 Neubau

Benutzungen eines Gewässers für den Betrieb einer Kleinwasserkraftanlage bedürfen nach §§ 2, 3 Wasserhaushaltsgesetz (WHG) einer wasserrechtlichen Erlaubnis (§ 7 WHG) oder einer wasserrechtlichen Bewilligung (§ 8 WHG).

Zur Errichtung der für den Betrieb der Wasserkraftanlage notwendigen baulichen Anlagen ist in der Regel zusätzlich eine bauplanungsrechtliche und bauordnungsrechtliche Genehmigung (Baugenehmigung, §§ 51 ff. Landesbauordnung (LBO)) erforderlich. Für derartige baurechtliche Entscheidungen sind bei Vorhaben, die einer wasserrechtlichen Erlaubnis oder Bewilligung bedürfen, die zuständigen Wasserrechtsbehörden (Landratsamt/Regierungspräsidium) auch Entscheidungsbehörden in bezug auf das Baurecht (§§ 96, 98 Wasserrechtliche Genehmigung (WG)). Im Sinne der Verwaltungskonzentration werden Baurecht und Wasserrecht somit in einer Entscheidung abgehandelt.

Dies bedeutet für den Ausbauträger auf der anderen Seite, daß er dem Wasserrechtsgesuch nicht nur die für die Beurteilung des Wasserrechts notwendigen Unterlagen, sondern gleichzeitig auch die vollständigen Baugesuchsunterlagen vorlegen muß. Beides ist mit Planungsaufwand und damit auch mit Planungskosten verbunden, so daß nur aussichtsreiche Vorhaben in Angriff genommen werden sollten.

Ist mit dem Bau einer Kleinwasserkraftanlage eine wesentliche Umgestaltung eines Gewässers oder seiner Ufer verbunden, kann die Durchführung eines wasserrechtlichen Planfeststellungsverfahrens nach § 31 WHG notwendig sein. Von einem derartigen Verfahren kann die Behörde allerdings absehen, wenn bei untergeordneten Maßnahmen mit Einwendungen Dritter nicht zu rechnen ist.

Neben dem Wasserrecht und dem Baurecht sind bei Erteilung einer wasserrechtlichen Entscheidung insbesondere das Naturschutzrecht und das Fischereirecht mit den Problemen Fischaufstieg, Lockwasser und Rechenstabweite von besonderer Bedeutung. Auch können Belange des Wassersports von Bedeutung sein.

Da die neuen Wasserkraftanlagen in der Regel im planungsrechtlichen Außenbereich errichtet und betrieben werden sollen, ist insbesondere nach §§ 10 und 11 Landesnaturschutzgesetz durch die untere Naturschutzbehörde zu beurteilen, ob durch die Maßnahme in erheblichem Umfang in den Naturhaushalt oder auch nur in das Landschaftsbild eingegriffen wird.

Bejaht bei ihrer Beurteilung die Naturschutzbehörde die Erheblichkeit des Eingriffs, ist dieser entweder durch Ersatzmaßnahmen auszugleichen (z. B. Bepflanzung, Rekultivierung) oder es ist eine naturschutzrechtliche Ausgleichsabgabe an den Landesnaturschutzfond Baden-Württemberg zu zahlen.

Im Interesse der Fischerei wird regelmäßig eine Fischaufstiegseinrichtung verlangt, die es den Fischen ermöglichen soll, die künstliche Gewässersperre zu überwinden. Zum Schutz der Fische vor Schäden durch die Turbinen werden immer geringere Stabweiten der Kraftwerksrechen gefordert, die die Fische vor dem Einschwimmen in die Turbinen schützen sollen. Die technisch-wirtschaftlichen Konsequenzen dieser Forderungen sind an anderer Stelle zu behandeln (s. Kapitel 8.4). Schließlich wird bei Ausleitungskraftwerken (Kanallösung) das Belassen eines Mindestwasserabflusses im alten Flußbett gefordert. Dieser der Nutzung nicht zur Verfügung stehende Durchfluß darf bei der Wirtschaftlichkeitsbetrachtung ebenfalls nicht außer Acht gelassen werden (s. Kap. 5). Die Höhe des Mindestabflusses ist in Baden-Württemberg durch einen Erlaß geregelt (Gemeinsamer Erlaß des Umweltministeriums, des Ministeriums Ländlicher Raum und des Wirtschaftsministeriums zur gesamtökologischen Bewertung der Wasserkraftnutzung- AZ: 31-8964.00 - vom 25.2.93). Eine ausführliche Darstellung dieses Themas wird in Abschnitt 6.3 gebracht.

Die wasserrechtliche Erlaubnis (§ 7 WHG) gewährt nur eine widerrufliche Befugnis, ein Gewässer zu benutzen. Dies gilt grundsätzlich auch bei der sog. „gehobenen“ Erlaubnis nach § 16 der WG Baden-Württemberg. Zur Erlangung einer gesicherten Wasserrechtsposition ist im Interesse des Investitionsschutzes deshalb die Erteilung einer wasserrechtlichen Bewilligung auch beim Neubau von Wasserkraftanlagen anzustreben (§ 8 WHG). Die Bewilligung kann allerdings nur erteilt werden, wenn dem Unternehmer der Neubau der Kleinwasserkraftanlage ohne diese gesicherte Rechtsposition nicht zumutbar ist. Dies kann im Hinblick auf die hohen Investitionskosten auch von Kleinwasserkraftanlagen mit finanziellen Erwägungen begründet werden. In dem oben erwähnten Erlaß vom 25.2.93 sind die Genehmigungsbehörden im Interesse der Förderung der Stromerzeugung aus Wasserkraftanlagen bis zu einer Leistung von 1.000 kW angewiesen worden, Bewilligungen für den Bau oder die Erweiterung derartiger Wasserkraftanlagen zu erteilen.

Bei der Bewilligung oder Erlaubnis von Gewässerbenutzungen, die die Ausnutzung von Wasserkräften zum Gegenstand haben, kann von dem Unternehmer ein jährlich wiederkehrendes Wassernutzungsentgelt erhoben werden, wenn die zu nutzende Leistung der Rohwasserkraft 1.000 kW übersteigt (§ 17 WG). Die zur Verfügung stehende Leistung der Rohwasserkraft ist aus dem nutzbaren Wasserabfluß und der Rohfallhöhe zu berechnen. Die Höhe des Entgelts für die Rohwasserkraft ist in Baden-Württemberg gesetzlich nicht geregelt. Die Behörden müssen vielmehr den Wert der durchschnittlichen zur Verfügung stehenden Leistung im Einzelfall bewerten und berücksichtigen. Nicht in Frage kommt die Erhebung eines Wasserentnahmeentgelts (sog. Wasserpfennig) für die Wasserentnahme zur Wasserkraftnutzung und für die Kühlung der Turbinen (§ 17a WG).

Eine immer größere Bedeutung bei der Wasserkraftnutzung nimmt die Beseitigung des Rechengutes (Geschwemmsels) ein. Deponiekosten und Transportkosten zu den Deponien haben steigende Tendenz. Das am Rechen aus dem Wasser entnommene Geschwemmsel ist Abfall im Sinne der Abfallgesetze. Als Abfall darf das Rechengut deshalb grundsätzlich nicht wieder in das Unterwasser eingebracht werden. Es ist ordnungsgemäß zu entsorgen und zwar auf Kosten des Kraftwerksbetreibers. Dies kann insbesondere bei angeschwemmten Behältern (Fässer, Kanister mit unbekanntem Inhalt) problematisch und kostspielig werden.

Zulässig ist jedoch die Benutzung eines Abweisbalkens. Durch diesen wird das an der Oberfläche schwimmende Geschwemmsel vom Rechen ab und zum Wehr hin gelenkt. Da das Geschwemmsel in diesem Falle nicht aus dem Wasser entnommen wird, ist es auch kein im Besitz des Kraftwerksbetreibers befindlicher Abfall. Die Wasserrechtsreferenten der Regierungspräsidien in Baden-Württemberg haben sich darauf verständigt, derartige Abweisbalken als eine Anlage im Gewässer im Sinne von § 76 WG zu behandeln; derartige Einrichtungen sind demnach wasserrechtlich genehmigungspflichtig.

Wasserrechte sind grundsätzlich zu befristen (§ 108 WG). Im Interesse des Investitionsschutzes sollten Wasserrechte auch bei Kleinwasserkraftanlagen eine lange Laufzeit haben. Eine Laufzeit von mindestens 60 Jahren ist anzustreben. Nach einem Erlaß des Ministeriums für Umwelt Baden-Württemberg vom 30.06.1989 darf die Laufzeit der Befristung dort 60 Jahre nicht übersteigen.

6.2 Ausbau bestehender Anlagen

Wasserrechte, die vor Inkrafttreten des WHG am 01.03.1960 bestanden (alte Rechte und Befugnisse), bleiben grundsätzlich aufrechterhalten (§ 15 WHG), bedürfen aber der Anmeldung bei den Wasserbehörden (§ 16 WHG).

Inhalt und Umfang dieser alten Rechte und Befugnisse richten sich nach den alten Wasserrechten (Genehmigungen, Erlaubnisse etc.) bzw. nach den bisherigen Wasserrechtsvorschriften, die Grundlage für das erteilte Wasserrecht waren (§ 122 WG). Die aufgrund solcher Rechte errichteten und betriebenen Anlagen dürfen deshalb ohne erneute wasserrechtliche Erlaubnis oder Bewilligung nach dem WHG in der bisherigen Art und im bisherigen Umfang weiterbetrieben werden. Derartige alte Rechte und Befugnisse können aber unter bestimmten Voraussetzungen (§ 15 Abs. 4 WHG) gegen Entschädigung widerrufen werden, soweit von der Fortsetzung der Benutzung eine erhebliche Beeinträchtigung des Wohls der Allgemeinheit zu erwarten ist. Sie können ohne Entschädigung widerrufen werden, wenn der Unternehmer z. B. die Benutzung drei Jahre ununterbrochen nicht ausgeübt hat, wenn der Unternehmer den Zweck der Benutzung geändert hat, daß er mit der festgelegten Zweckbestimmung nicht mehr übereinstimmt oder wenn der Unternehmer einer berechtigten Anordnung der Wasserbehörde nicht nachgekommen ist. Die Umstellung einer Arbeitsmaschine von Direktantrieb auf Stromerzeugung ist nach dem oben zitierten Erlaß keine Zweckänderung.

Sollen solche Altanlagen modernisiert werden, ohne daß sich Art, Maß oder Zweck der altrechtlichen Wasserbenutzung ändert, ist ein neues Wasserrecht nicht erforderlich. Es reicht aus, eine Änderungsgenehmigung nach § 23 WG, ggf. eine baurechtliche Genehmigung, einzuholen. Das bisherige Wasserbenutzungsrecht bleibt in vollem Umfang bestehen.

Anlagenerhaltende Reparaturen bis hin zum kompletten Austausch mit einer baugleichen Turbine sind ohne Genehmigung nach § 23 WG zulässig.

Wird dagegen mit der Modernisierung gleichzeitig eine nicht nur unbedeutende Erweiterung des Nutzungsumfangs (Nutzungsgefälle, Wasserabfluß, Turbinendurchsatz etc.) angestrebt, ist für die beabsichtigte erweiterte Nutzung ein zusätzliches Wasserrecht (Erlaubnis oder Bewilligung - siehe Ziff. 1), gegebenenfalls eine baurechtliche Genehmigung, notwendig.

In diesem Zusammenhang ist von Bedeutung, ob ein gänzlich neues Wasserrecht beantragt werden soll oder nur die erweiterte Nutzung. Hierbei spielt die Laufzeit des alten Wasserrechts eine wichtige Rolle. Bei nur noch kurzer Laufzeit liegt es im Interesse des Investitionsschutzes für die Erweiterungsmaßnahmen, die Erteilung eines neuen Wasserrechts mit möglichst langer Laufzeit anzustreben. Andernfalls ist es ausreichend, ein allein auf die Erweiterung der Gewässerbenutzung gerichtetes Wasserrecht zu beantragen.

Das für das Zusatzwasserrecht durchzuführende Verfahren eröffnet der Behörde wieder die Möglichkeit, im öffentlichen Interesse (z. B. Naturschutz, Gewässerschutz, Fischerei) weitergehende Maßnahmen im Sinne der Ausführungen unter Ziff. 1 zu fordern. So könnte z. B. bei Ausleitungskraftwerken die Forderung nach einer Mindestwasserführung im alten Flußbett gestellt werden, auch wenn eine derartige Verpflichtung nach dem bisherigen Wasserrecht nicht gegeben war. Insgesamt ist aber auf den durch das alte Wasserrecht geschützten Bestand Rücksicht zu nehmen. Im Einzelfall können überzogene Forderungen einen Eingriff in den rechtlich geschützten Bestand darstellen und dann Entschädigungsansprüche auslösen. Aufgrund unterschiedlicher Landes-Wassergesetze kann die Rechtslage in den anderen Bundesländern von den obigen Ausführungen abweichen.

6.3 Mindestabflüsse bei Neubau, Modernisierung und Erweiterung von Wasserkraftanlagen

In den vergangenen Jahren hat sich der Stellenwert der Wasserkraft in der heutigen Gesellschaft verändert. Zum einen soll vor dem Hintergrund der drohenden Klimagefährdung, der Beeinträchtigung der Umwelt durch Schadstoffemissionen aller Art und der Endlichkeit fossiler Rohstoffe die Nutzung der Wasserkraft gefördert werden. Zum anderen wird aber der Eingriff in die Gewässer abgelehnt, weil dadurch dem Gewässer seine Natürlichkeit wie Durchgängigkeit, Dynamik und Individualität genommen wird. Im Spannungsfeld dieser beiden umweltpolitischen Aufgaben gilt es nun, Abwägungen durchzuführen und tragbare Kompromisse zu finden. Dies ist jedoch um so schwieriger, als für den Gewinn an Umweltnutzwert naturbelassener Gewässerstrecken gegenüber der zusätzlichen Umweltbelastung durch Energieerzeugung aus fossilen Brennstoffen kaum greifbare Kriterienansätze zu finden sind.

In der Vergangenheit wurde immer wieder versucht, bei Ausleitungskraftwerken Mindestabflüsse zu definieren, um den vorgenannten Zielkonflikt zu entschärfen. Eine bundesweit einheitliche Regelung gibt es derzeit nicht.

Für Baden-Württemberg hat ein Erlaß /1/ zur gesamtökologischen Beurteilung der Wasserkraftnutzung (Kriterien für die Zulassung von Wasserkraftanlagen bis 1000 kW) Gültigkeit.

Es wurde hierin versucht, Richtwerte für einen Mindestabfluß anzugeben. Dies ist aus Sicht der Betreiber zu begrüßen, weil damit eine erste Vorgabe für Genehmigungsverfahren im Vollzug von Wasserrecht, Naturschutzrecht und Fischereirecht sowie für fachliche Kriterien und Ermessensspielräume bei Entscheidungen über die Zulassung von Wasserkraftanlagen geschaffen worden ist.

Nachfolgend werden einige Hinweise, die aus der Anlage des zuvor erwähnten Erlasses teilweise entnommen sind, kurzgefaßt wiedergegeben.

Es sei darauf hingewiesen, daß dieses Thema noch nicht abschließend geklärt ist. Forschungsinstitute und Fachverbände befassen sich mit der Thematik. In interdisziplinärer Zusammenarbeit sind Kriterienkataloge zu erarbeiten, mit deren Hilfe ökologisch sinnvolle, energiewirtschaftlich tragbare und somit gesellschaftlich konsensfähige Lösungen möglich sein werden.

In Anbetracht des Zielkonfliktes einer sinnvollen Nutzung der Wasservorkommen und eines weitgehenden Erhaltes der natürlichen Umwelt haben sich in den zurückliegenden Jahren Fachausschüsse gebildet, die sich der Fragestellung von Mindestwasserabgaben in Ausleitungsstrecken bei Wasserkraftanlagen annahmen. So richtete die Länderarbeitsgemeinschaft Wasser (LAWA) in der Bundesrepublik Deutschland einen ad-hoc-Arbeitskreis ein, der sich mit Grundsatzfragen zur Definition von Schwellenwerten im Niedrigwasserbereich zu befassen hatte. Dieser fand eine Nachfolge im Arbeitskreis „Mindestwasserführung in Fließgewässern".

Im Gefolge eines vom Deutschen Verband für Wasserwirtschaft und Kulturbau (DVWK) von der Landesgruppe Bayern als Hauptveranstalter durchgeführten internationalen Symposiums „Wasserwirtschaft und Naturhaushalt - Ausleitungsstrecken bei Wasserkraftanlagen", das im Januar 1989 in München stattgefunden hatte, wurde auf Befürwortung der LAWA der DVWK-Fachausschuß „Restwasser" Ende 1990 ins Leben gerufen /2/.

Die Ergebnisse dieser beiden Arbeitskreise sollen noch im Jahr 1994 der interessierten Öffentlichkeit zur Beurteilung und Kritisierung vorgestellt werden. Ob sich aus diesen Resultaten eine bundesweit einheitliche Festlegung der Mindestwasserabgabe erarbeiten läßt, bleibt vorerst abzuwarten.

Als ein wichtiges Resultat, das sich in den beiden Arbeitskreisen unabhängig voneinander herauskristallisiert hat, ist folgendes festzuhalten:

Die sich ausschließlich auf hydrologische Kenngrößen beziehenden Mindestwasserabgaben sind technisch einfach umzusetzen. Ihre energiewirtschaftlichen Auswirkungen sind mit etwas Aufwand leicht erfaßbar. Diese Methoden entbehren jedoch gänzlich einer ökologisch ausgerichteten Begründung oder gar Beweisführung. Aus ökologischer Sicht ist eine auf den einzelnen Gewässertypus individuell ausgelegte Mindestwasserfestlegung erforderlich. Die Bedeutung der einzelnen Parameter und deren Einfluß auf das Gesamtsystem Fließgewässer sind zum momentanen Zeitpunkt noch nicht gänzlich erforscht.

Die derzeitigen Erkenntnisse offenbaren, daß die örtlichen Gegebenheiten und die jeweils individuell geprägten ökologischen Zusammenhänge der betreffenden Wasserentzugsstrecken keine allgemein gültigen Formelansätze zulassen, sondern statt dessen eine auf die lokale Gewässersituation ausgerichtete Einzellösung nahelegen. Die demnächst zu erwartenden Empfehlungen werden sich auf die noch zu klärenden Zusammenhänge zwischen Abfluß und Gerinnemorphologie einerseits und auf die zahlreichen Kriterien für die ökologische Güte eines Fließgewässers andererseits stützen, ohne daß auf die Nutzung der Wasserkraft durch bestehende Anlagen oder durch Neubauten verzichtet werden müßte. Hierbei ist ein realistischer Ausgleich zwischen Ökonomie und Ökologie sicherzustellen.

Solange diese Problemkreise noch nicht abschließend gelöst sind und zu einer möglichst bundeseinheitlichen Festlegung der Mindestwasserabgabe geführt haben, wird an dieser Stelle eine Orientierungshilfe in der auszugsweisen, weitestgehend wörtlichen Wiedergabe des eingangs genannten Erlasses der zuständigen baden-württembergischen Ministerien vermittelt.

6.3.1 Mindestabflüsse

6.3.1.1 Ausleitungskraftwerke

Bei Ausleitungskraftwerken beträgt der Orientierungswert für Mindestabflüsse im Jahresmittel 1/3 MNQ.

Die Mindestabflüsse werden vorrangig zuflußabhängig-dynamisch festgelegt. Soweit dies nicht möglich ist, können auch jahrszeitlich gestaffelte Mindestabflüsse festgesetzt werden. Ein Sockelwert von 1/6 MNQ darf nicht unterschritten werden.

Zuflußabhängige Mindestabflüsse

(Ein Beispiel hierfür ist in Bild 6.1 dargestellt.)

- Der Mindestabfluß Q_{MinO} setzt sich zusammen aus einem Sockelabfluß Q_{SO} und einem dynamischen Abflußanteil Q_{DO}.
- Der Sockelabfluß Q_{SO} beträgt mindestens 1/6 MNQ.
- Die Gewässerdynamik wird in Abhängigkeit vom aktuellen Zufluß in verkleinertem Maßstab (durch entsprechende Gestaltung des Trennungsbauwerks oder geeignete Steuerung) nachgefahren.
- Für die Ermittlung des im Mittel belassenen Mindestabflusses ist der Bereich der Abflußdauerlinie bis zu einer Unterschreitungsdauer von 260 Tagen, entsprechend etwa dem üblichen Auslegungspunkt von Laufwasserkraftwerken, maßgebend. Falls das Kraftwerk auf eine höhere Unterschreitungsdauer ausgelegt ist, gelten für die Berechnung diese Grundlagen. Dies bedeutet jedoch, daß an diesen zusätzlichen Tagen lediglich die Mindestabflüsse im Gewässer verbleiben; die für die Ausleitungsstrecken wichtigen größeren Abflüsse treten wesentlich seltener auf.

Jahreszeitlich gestaffelte Mindestabflüsse

(Beispiele hierfür sind in den Bildern 6.2 und 6.3 dargestellt.)

- Mindestabfluß Q_{MinO} setzt sich zusammen aus einem Sockelabfluß Q_{SO} und einem dynamischen Abflußanteil Q_{DO}.
- Der Sockelabfluß Q_{SO} beträgt mindestens 1/6 MNQ.
- Der dynamische Abflußanteil Q_{DO} beträgt das 1- bis 2-fache des Sockelabflusses.
- Zeiten und Höhe des Dynamikanteils Q_{DOi} orientieren sich an den jahreszeitlich zu erwartenden Abflußschwankungen und anderen Besonderheiten des jeweiligen Gewässers. Die Bilder 6.2 und 6.3 sind insoweit nur als Beispiele zu verstehen.

6.3.1.2 Flußkraftwerke

Nach Möglichkeit ist bei Flußkraftwerken ein naturnahes Umgehungsgerinne zur Umgehung des Staus und zur Wiederherstellung eines Fließgewässerlebensraums vorzusehen. Dessen Bemessung ergibt sich einerseits aus den Orientierungswerten nach Ziffer 6.3.1.1 und andererseits aus der Funktion als Aufstiegsmöglichkeit und Fließgewässerlebensraum.

Bei Flußkraftwerken mit technischen Aufstiegsbauwerken (vgl. Bild 6.4) ist der Abfluß über das Aufstiegsbauwerk nach Gesichtspunkten der Funktionsfähigkeit der Anlagen und der Wirksamkeit der Lockströmung festzulegen.

Die festzulegenden Abflüsse können die Orientierungswerte von Ziffer 6.3.1.1 sowohl über- als auch unterschreiten. Dynamische Regelungen können im Einzelfall notwendig werden.

6.3.2 Kriterien zur Überprüfung der Orientierungswerte

Folgende Gesichtspunkte können zur Anpassung des nach Ziffer 6.3.1.1 ermittelten Orientierungswertes führen:

Erhaltung eines zusammenhängenden und funktionsfähigen Lebensraums

Die grundlegenden Charakteristika der ungestörten Gewässerstrecke (Breiten, Tiefen, Fließgeschwindigkeiten und deren Varianzen, Feststofftransport, Strukturvielfalt) müssen durch den Mindestabfluß „im Kleinen" gewährleistet werden, ebenso eine im Längsprofil zusammenhängende ausreichende Wasserbedeckung der Gewässersohle. Dies bedeutet aber nicht, daß die Wasserbedeckung der Gewässersohle auf der vollen Breite erhalten werden muß.

Funktionsfähigkeit der Aufstiegsbauwerke

Da eine Durchgängigkeit für die betroffene Fauna des jeweiligen Gewässers erhalten bzw. hergestellt werden soll, muß bei Gestaltung und Betrieb auch eine Orientierung an Kleinfischen und an der Benthosfauna erfolgen.

Detaillierte Angaben zur Bemessung von Fischaufstiegsanlagen sind in dem zur Zeit im Gelbdruckverfahren befindlichen DVWK Merkblatt „Fischaufstiegsanlagen" dargelegt /3/.

Weitere Beispiele für Ausführungsvarianten zeigen die Bilder 6.5 und 6.6.

6.3.3 Verwendete Symbole und Kurzbezeichnungen

MNQ	Mittlerer Niedrigwasserabfluß, Mittelwert der niedrigsten Tageswerte der Abflüsse über mehrere Jahre
Q_{Ausbau}	Tatsächliche Ausbauleistung der Wasserkraftanlage
Q_D	Festgelegter Dynamikanteil im Mindestabfluß
Q_{DO}	Orientierungswert für den Dynamikanteil im Mindestabfluß
Q_{DOi}	aktueller Dynamikanteil (Orientierungswert)
$Q_{Gerinne}$	Festgelegter Abfluß für Umleitungsgerinne, oder Aufstiegsbauwerk, mit oder ohne Dynamikanteil, kann gleich oder kleiner Q_{Min} sein.
Q_i	aktueller Zufluß zur betrachteten Wasserkraftanlage
Q_{Min}	Festgelegter Mindestabfluß
Q_{MinO}	Orientierungswert für den Mindestabfluß
Q_{MinOi}	aktueller Orientierungswert für den Mindestabfluß
Q_S	Festgelegter Sockelwert des Mindestabflusses
Q_{SO}	Orientierungswert für den Sockelwert des Mindestabflusses
Q_{260}	Zufluß zur Wasserkraftanlage, der im Mittel der Jahre an 260 Tagen unterschritten wird, entspricht in etwa dem gebräuchlichen Auslegungspunkt für die Nennleistung der Laufwasserwerke

(Alle Abflußwerte in [m^3/s])

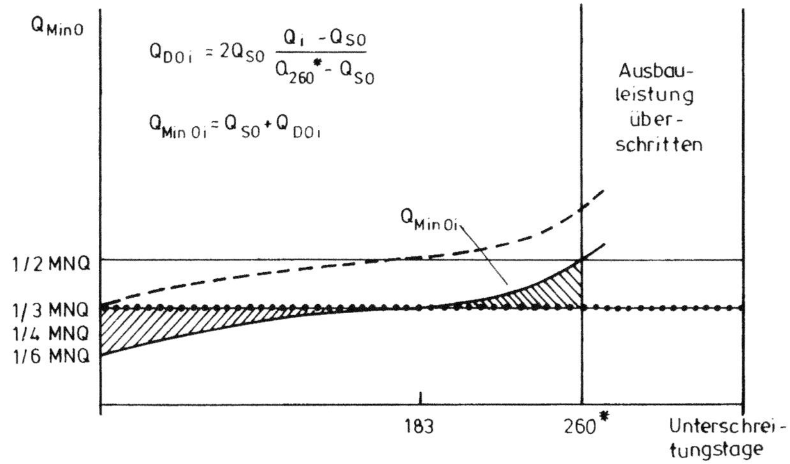

Bild 6.1: **Modelle für dynamische Mindestabflußregelungen: zuflußdynamische Mindestabflußregelung (mittlere Abflußdauerlinie)**

*: statt Q_{260} ggf. Q_{Ausbau} (ist die Anzahl der Unterschreitungstage der betreffenden Anlage höher, dann gelten diese)

_______ aus hydrologischen Daten ermittelter Orientierungswert für den Mindestabfluß Q_{MinOi}

-•-•-•-•- Orientierungswert im Jahresmittel (1/3 MNQ)

---------- oberer Grenzwert für die Anpassung des Orientierungswertes an spezielle örtliche Verhältnisse (≤ 1/2 MNQ im Jahresmittel)

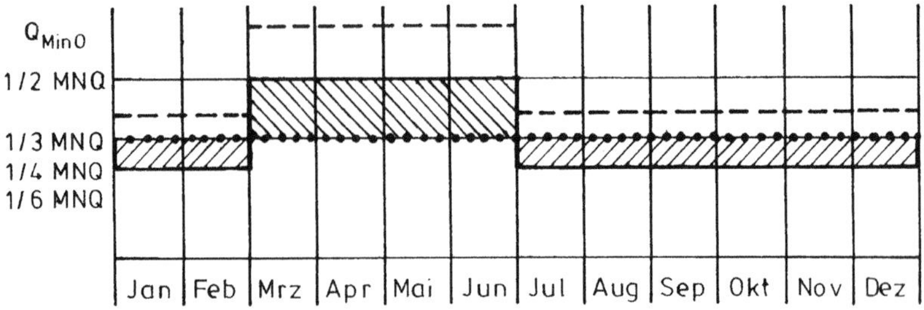

Bild 6.2: Modelle für dynamische Mindestabflußregelungen: 2-stufige jahreszeitabhängige Regelung

_______ aus hydrologischen Daten ermittelter Orientierungswert für den Mindestabfluß Q_{MinOi}

-•-•-•-•- Orientierungswert im Jahresmittel (1/3 MNQ)

---------- oberer Grenzwert für die Anpassung des Orientierungswertes an spezielle örtliche Verhältnisse (≤ 1/2 MNQ im Jahresmittel)

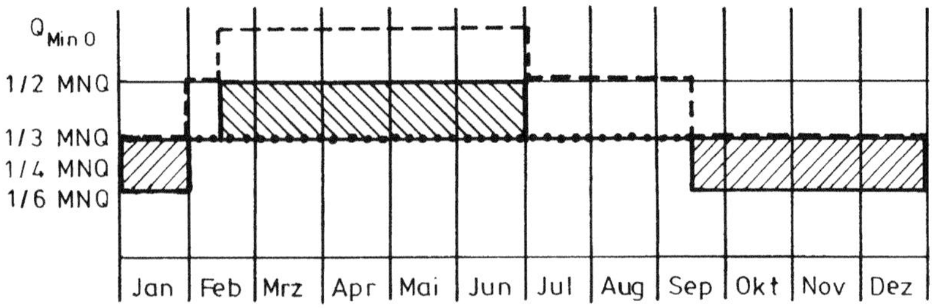

Bild 6.3: Modelle für dynamische Mindestabflußregelungen: 3-stufige jahreszeitabhängige Regelung

_______ aus hydrologischen Daten ermittelter Orientierungswert für den Mindestabfluß Q_{MinOi}

-•-•-•-•- Orientierungswert im Jahresmittel (1/3 MNQ)

---------- oberer Grenzwert für die Anpassung des Orientierungswertes an spezielle örtliche Verhältnisse (≤ 1/2 MNQ im Jahresmittel)

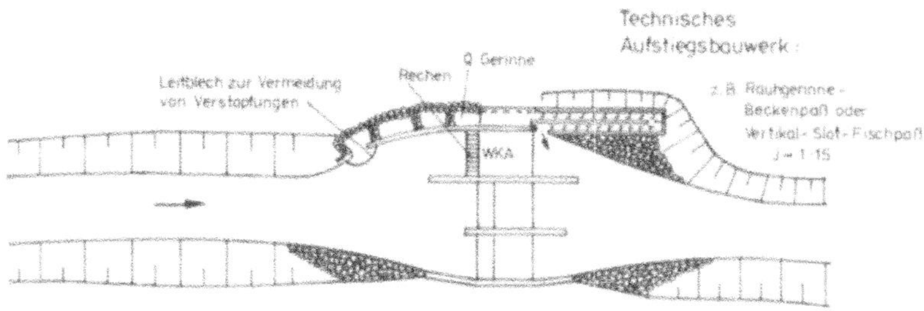

Bild 6.4: Flußkraftwerk mit technischem Aufstiegsbauwerk

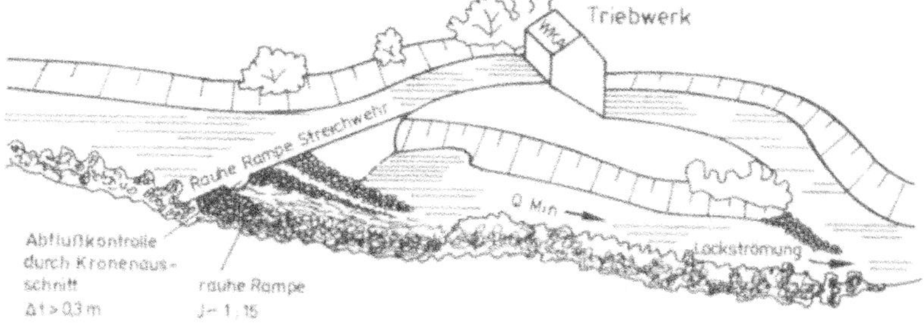

Bild 6.5: Flußkraftwerk mit naturnahem Aufstiegsbauwerk

Das technische Aufstiegsbauwerk (Fischaufstieg) oder das naturnahe Aufstiegsbauwerk umgeht nur die Wasserkraftanlage möglichst auf der Seite des Krafthauses (nicht den Staubereich). Es mündet i. d. R. direkt am Ende des turbulenten Bereichs am Auslauf der Wasserkraftanlage in das Gewässer ein. Das Aufstiegsbauwerk ist in der Regel nicht mit einem dynamischen Abfluß zu beaufschlagen. Die Steuerung des Gerinneabflusses erfolgt i. d. R. durch die Geometrie des Einlaufs (Kontrollquerschitt). Dieser Anlagentyp wird i. d. R. trotz ausreichender Gerinneabflüsse und guter Gestaltung infolge der Veränderung der Gewässerökologie und der beeinträchtigten Durchgängigkeit mit starken Umweltauswirkungen verbunden sein. Er ist in der Regel nur vertretbar, wenn aus technischen und wirtschaftlichen Gründen keine andere Lösung möglich ist und diese Lösung infolge Vorbelastung des Standortes allenfalls eine mäßige Verschlechterung oder gar Verbesserung des gegenwärtigen Zustandes bedeutet.

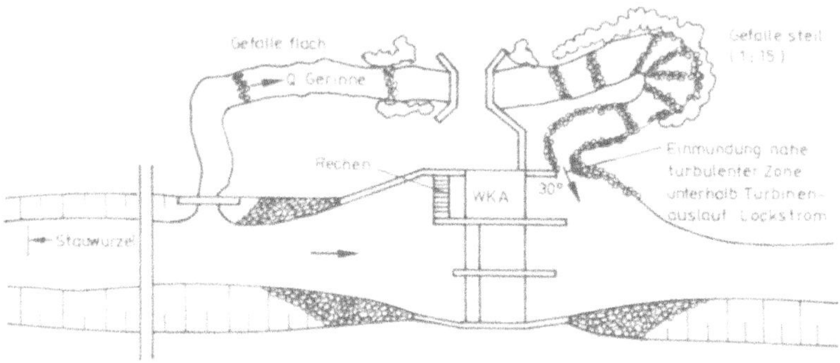

Bild 6.6: Ausleitungskraftwerk mit teilweiser Umgestaltung des Wehres in eine rauhe Rampe

Sofern ein Umgehungsgerinne nicht möglich, oder z. B. wegen der noch relativ hohen mittleren Fließgeschwindigkeit vor dem Wehr, nicht erforderlich ist, kann oft ein Mindestmaß an Durchgängigkeit durch eine (teilweise) Gestaltung des (bestehenden) Wehres als rauhe Rampe erreicht werden. Die Abführung des Mindestabflusses erfolgt über die muldenförmig gestaltete Rampe, die Abflußkontrolle über einen entsprechend ausgestalteten Kronenausschnitt. Die Steuerung des Dynamikanteils erfolgt durch die Regelung der Turbine. Diese Lösung ist in vielen Fällen aufgrund örtlicher Zwangspunkte oft hinreichend und kostengünstig realisierbar.

6.4 Literaturverzeichnis

/1/ Gemeinsamer Erlaß des Umweltministeriums, des Ministeriums Ländlicher Raum und des Wirtschaftsministeriums zur „gesamtökologischen Beurteilung der Wasserkraftnutzung“; Kriterien für die Zulassung von Wasserkraftanlagen bis 1.000 kW, Umweltministerium Baden-Württemberg, Az: 31-8964.00, 25.2.1993.

/2/ DVWK-Merkblatt „Mindestwasser“, Entwurf März 1994. - DVWK-Geschäftsstelle , Bonn, 155 Seiten, 21 Tabellen, 37 Bilder, 222 Literaturangaben.

/3/ DVWK-Merkblatt „Fischaufstiegsanlagen“, Entwurf April 1994, DVWK- Geschäftsstelle, Bonn, 152 Seiten, 10 Tafeln, 136 Bilder, 70 Literaturangaben.

7 Umweltauflagen und Umweltverträglichkeitsprüfung

Für die Planung einer neuen Wasserkraftanlage ist nach dem Umweltverträglichkeitsprüfungsgesetz (UVPG) eine Umweltverträglichkeitsprüfung (UVP) durchzuführen. Zur Genehmigung der Anlage ist auch eine Umweltverträglichkeitsuntersuchung (UVU) zu erstellen.

Das UVP-Verfahren ist zwar neu, jedoch wurden auch bei früheren Wasserrechtsverfahren bereits umweltrelevante Fragen behandelt. Neu ist aber auch der bindende Charakter der neuen Rechtsgrundlage. Durch das Fehlen der Verwaltungsrichtlinien bleiben bis auf weiteres jedoch noch Lükken.

7.1 Gegenwärtige Situation

Zur Umsetzung der EG-Richtlinie über die UVP hat das Bundeskabinett am 29.06.88 einen Gesetzentwurf verabschiedet, der durch Veröffentlichung im Bundesgesetzblatt am 12.02.90 in Kraft getreten ist. Nach Ziffer 6 der Anlage zu § 3 dieses Gesetzes ist eine UVP durchzuführen für Vorhaben, die zum Ziel haben die „Herstellung, Beseitigung und wesentliche Umgestaltung eines Gewässers oder seiner Ufer sowie von Deich- oder Dammbauten, die einer Planfeststellung nach § 31 des Wasserhaushaltsgesetzes bedürfen". Damit fallen voraussichtlich viele Neubauten und evtl. auch Umbauten von Wasserkraftwerken unter dieses Gesetz.

7.2 Zu erwartende Probleme

Zu § 20 des neuen Gesetzes wird der Erlaß von Verwaltungsvorschriften angeordnet, die die folgenden Bereiche des UVP-Verfahrens betreffen:

- Kriterien und Verfahren zur Ermittlung von Umweltauswirkungen
- Grundsätze über die Festlegung eines Untersuchungsrahmens
- Grundsätze über die Darstellung der Umweltauswirkungen.

Der Inhalt dieser angekündigten Vorschriften ist noch nicht festgelegt. In der Praxis aber werden sich genau hinter diesen Fragen des Untersuchungsrahmens und der Bewertung die größten Probleme ergeben. Dies zeigt sich z. B. an laufenden Verfahren in der Schweiz, wo bereits seit einigen Jahren ein vergleichbares Gesetz, ebenfalls noch ohne ausreichende Präzisierung der Kriterien, in Kraft ist. Beispiele können sein:

- Gleichzeitiges Erreichen von unterschiedlichen Schutzzielen ist oft nicht möglich, die Verletzung einiger Ziele ist daher unausweichlich
- Rangfolge von Schutzzielen ist nicht festlegbar, da von unterschiedlichen Fachbehörden zu vertreten

- Einige Schutzziele lassen sich aufgrund von Vorbelastungen nicht quantifizieren (z. B. naturnahe Flußlandschaft, ungestörter Uferbereich, biologisch ausreichende Restwassermenge).

7.3 Konkretes Vorgehen bei projektierten Kleinwasserkraftwerken

7.3.1 Verfahren in der Schweiz

Bis zum Vorliegen von Verwaltungsvorschriften, die für den Antragsteller und die zuständigen Behörden eine Arbeitsgrundlage bilden, sollte auf Verfahren in anderen Ländern Bezug genommen werden. Darum bietet sich das Schweizer Verfahren an, da Wasserkraftwerke in der Schweiz eine bedeutende Rolle spielen und deshalb dort bereits umfangreiche Erfahrungen vorliegen.

Es sind jedoch nicht alle Fragen übertragbar, so daß die nachstehenden Vorschläge 7.3.2 und 7.3.3 nur eine Orientierung mit vorläufigem Charakter sein können. Sie sollen dem Bauherrn helfen, Inhalt und ungefähren Rahmen der UVP kennenzulernen.

7.3.2 Möglicher Ablauf des Verfahrens in Deutschland

Das Verfahren könnte etwa nach Bild 7.1 ablaufen. Wichtig dabei ist, daß der Gesuchsteller für die Durchführung der Untersuchungen zuständig ist. Der Genehmigungsbehörde (in der Regel die Landratsämter) kommt die Rolle des Koordinators, den Umweltschutzstellen (in der Regel bei den Landratsämtern oder Regierungspräsidien) die Rolle des Begutachters zu.

Als erste Frage ist zu klären, ob ein Projekt überhaupt unter das Gesetz fällt. Im Gegensatz zur Schweiz, wo die elektrische Leistung (3 MW) die Bemessungsgrundlage ist, ist im deutschen Gesetz der Umfang des Eingriffs wichtig und mit Ermessensspielraum behaftet. Fällt das Projekt unter das Gesetz, ist sehr wesentlich, daß zu Beginn eines Verfahrens der Untersuchungsrahmen festgelegt wird. Dies kann durch Erstellen eines Fragenkatalogs oder eines Pflichtenheftes erfolgen.

Es wird dringend empfohlen, von den zuständigen Behörden eine Erklärung zu verlangen, daß ein vereinbarter Untersuchungsrahmen weitestgehend verbindlich ist. Ansonsten ist zu befürchten, daß immer weitere Untersuchungen gefordert werden.

7.3.3 Inhalt des Verfahrens

Natürlich ist der Inhalt jedes Verfahrens entsprechend den Randbedingungen des Projektes individuell festzulegen. Als allgemeine Richtlinie könnte der folgende Fragenkatalog dienen:

1. Analyse des Zustands der Umwelt

1.1 Abgrenzung des Untersuchungsraumes

- Flußgebiet
- Talaue von ... bis
- Seitentäler.

1.2 Erfassung der Problemfelder

Beschreibung der Verfahren, nach denen Informationen eingeholt und Probleme quantifiziert werden, z. B.:

- Hydrologie (z. B. Verhältnis NW:HW)
  - Hydrogeologie (z. B. GW-Stände, Erosionsverhalten)
- Gewässergüte (z. B. Wärmebelastung, Eutrophierung)
  - Klima (z. B. Nebel)
  - Fauna
  - Flora
  - Landschaftsbild
- Genutzte und nutzbare Ressourcen (z. B. Land- und Forstwirtschaft, Wasserversorgung, Erholung)
- Besondere Vorrangflächen (z. B. Wasserschutzgesetz (WSG), Landschaftsschutzgesetz (LSG), Landwirtschaft)
  - vorhandene Vorbelastungen (z. B. Siedlung, Verkehr)
  - Sachgüter, kulturelles Erbe.

2. Prognose des Zustandes der Umwelt nach Projektausführung (Baubetrieb, Anlage selbst, Betrieb und Unterhaltung, Folgemaßnahmen) hinsichtlich der in 7.2 genannten Problemfelder (Risikoanalyse).

Beschreibung der Verfahren, nach denen die Einflüsse des Projektes simuliert und nach Qualität und Quantität prognostiziert werden.

2.1 Analyse der Betroffenheit:

Welche Problemfelder werden durch das Projekt betroffen?

2.2 Projektspezifische Veränderungen der Umwelt:

Durch welche Auswirkungen des Projektes (z. B. Gewässeraufstau) werden diese Problemfelder wie stark betroffen (z. B. durch die vergrößerte Wasserfläche/verlangsamte Fließgeschwindigkeit verlieren/gewinnen x Pflanzen- und y Tierarten ihren Lebensraum)?

2.3 Quantifizierung der Erheblichkeit der projektbedingten Umweltveränderungen:

Wie ist die Veränderung der Umweltsituation in den einzelnen Problemfeldern zu bewerten?

Beim Fehlen von Meßgrößen und Bewertungsmaßstäben mit hinreichender Erfassungsschärfe können hier wenigstens qualitative Bewertungsschritte vorgenommen werden nach dem Motto: Je empfindlicher das betroffene Problemfeld und je stärker der belastende Einfluß des Projektes, um so größer ist die Beeinträchtigung.

3. Betrachtung von Projektalternativen

Technische Kurzbeschreibung der Alternativen.

3.1 Risikoanalyse entsprechend Ziffer 2 für alle Alternativen, gegebenenfalls anderer bzw. zusätzlicher Problemfelder.

3.2 Zustandsprognose der „Nullalternative“ (kein Projekt) unter Berücksichtigung der Eigendynamik des Untersuchungsraumes sowie konkurrierender Planungsabsichten.

4. <u>Vergleich des Projektes mit den verschiedenen Alternativen</u>

Beschreibung des Verfahrens, nach dem der Vergleich durchgeführt wird; künftig: Anlehnung des Verfahrens an UVP-Verwaltungsvorschrift.

- Reduktion der Informationsfülle durch Aggregation
- Beschränkung auf eine überschaubare Zahl von Bewertungskriterien, z. B.
  - Wasser
  - Luft
  - Boden
  - Mensch
  - Tier- und Pflanzenwelt
- Erstellung von Bewertungsskalen für die Bewertungskriterien
- Gewichtung der Bewertungskriterien untereinander mit Begründung, gegebenenfalls Gewichtsvarianten.

5. Begründung für die Entscheidung für das Projekt nach Ziffer 2

5.1 Ergebnis der UVU gemäß Ziffer 4

5.2 Andere Entscheidungsfaktoren, z. B.

- Wirtschaftlichkeit
- zeitliche Realisierungsperspektiven
- politische Vorgaben (Programm-UVP vor Projekt-UVP)

5.3 Vorschläge für Maßnahmen zur Minderung bzw. zum Ausgleich von verbleibenden Umweltbelastungen (z. B. Schaffung von Ersatzbiotopen)

- innerhalb des Untersuchungsraumes
- an anderer Stelle
- durch Entgelt.

7.4 Kosten einer UVU

Es ist selbstverständlich, daß angesichts der rechtlich noch unklaren Situation verbindliche Kosten hier nicht genannt werden können. Im Vorplanungsstadium jedoch, in dem der „Leitfaden" hauptsächlich angewandt werden soll, sind für den Bauherrn auch Richtwerte interessant.

Von den ökologischen Folgen her können wir zwischen zwei Extremen von Kraftwerkstypen unterscheiden: solche, die keinen spürbaren Aufstau verursachen, z. B. wenn sie an einem Umleitungskanal gebaut werden, und solche, die einen größeren Aufstau benötigen und somit Auebereiche überfluten. Dazwischen liegt die ganze Bandbreite der möglichen Fälle.

Im ersten Fall können die Kosten für die Erstellung der Genehmigungsunterlagen zwischen 5 und 10 TDM liegen. Im zweiten Fall können die Kosten einer aufwendigen UVU bis zu mehreren hunderttausend DM betragen.

Der Umfang der baulichen Maßnahmen für den praktischen Umweltschutz wie erdbauliche Arbeiten, Begrünung und ökologische Vernetzung ist von Anlage zu Anlage sehr unterschiedlich. Daher können Größenordnungen dieser Kosten hier nicht angegeben werden. Eine gute Übersicht bietet die Zusammenstellung in: „Kostendatei für Maßnahmen des Naturschutzes und der Landschaftspflege", Materialien 55, herausgegeben vom Bayerischen Staatsministerium für Landesentwicklung und Umweltfragen (2. Aufl. Mai 89).

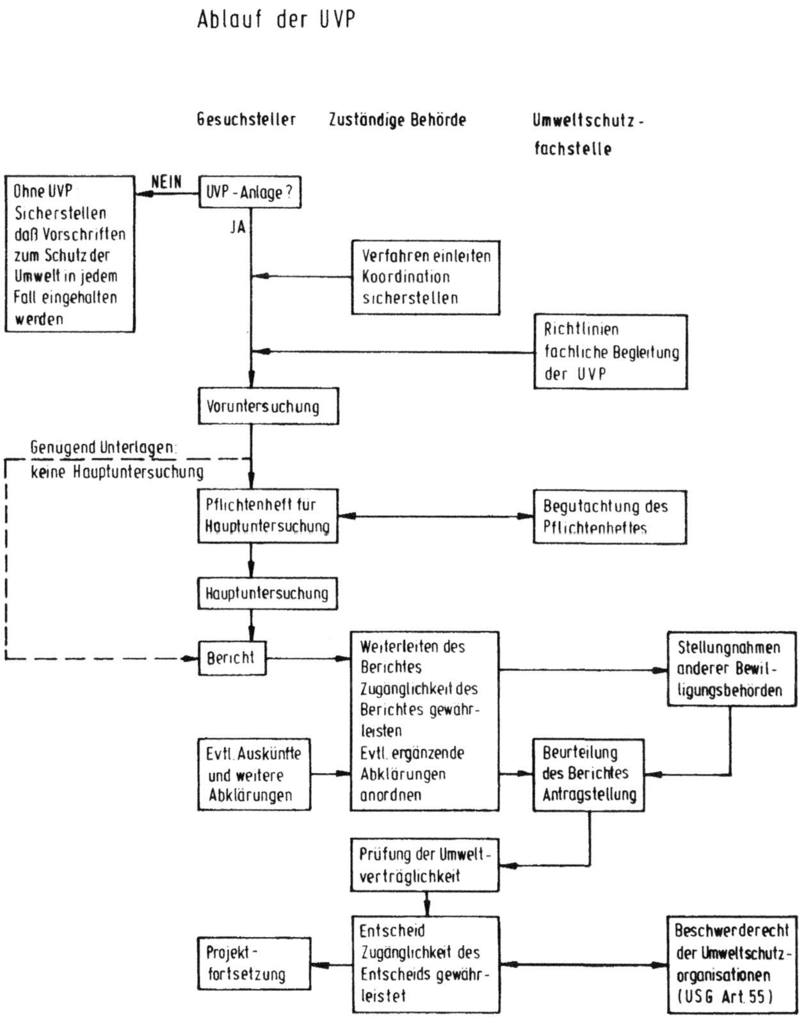

Bild 7.1: Ablauf der Umweltverträglichkeitsprüfung (UVP)

8 Hydraulische Gestaltung des Bauwerks

Die hydraulische Gestaltung stellt einen wesentlichen Punkt bei der baulichen Ausführung einer Kleinwasserkraftanlage dar. Nachfolgend sollen einige wichtige Gesichtspunkte bezüglich der Komponenten Einlauf, Auslauf, Trennpfeiler, Rechen, Rechenreinigung, Rohrleitung und der Absperrorgane aufgeführt werden.

8.1 Entnahme und Einlauf

Sind der Abfluß $Q_{(t)}$ und die Spiegelhöhe $h_{(t)}$ im Entnahmebereich bekannt, so sind hinsichtlich der im Triebwasser mitgeführten Geschiebemenge die Entnahmeart und der Entnahmeort von Bedeutung. Grundsätzlich soll das Geschiebe von der Turbine ferngehalten werden. Anlandungen von Geschiebe im Entnahmebereich sind zu vermeiden. Folgende Punkte sind dabei zu berücksichtigen:

- Abfluß $Q_{(t)}$ und Wassertiefe $h_{(t)}$
- Aufgestaut oder nicht?
- Geschiebefracht (Menge, Konzentration)
- Topographie

Der Geschiebeeintrag kann durch die Berücksichtigung der senkrecht zur Fließrichtung auftretenden Sekundärströmung an der Sohle, wo die größte Geschiebekonzentration auftritt, positiv beeinflußt werden.

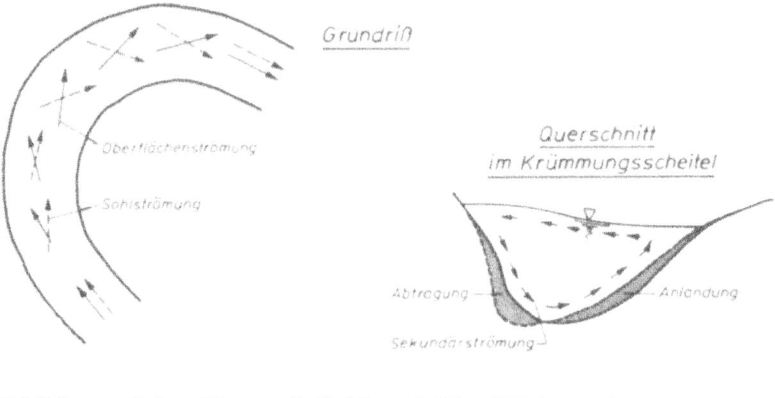

Bild 8.1: Sekundär- sowie Sohl- und Oberflächenströmung

Daraus ergeben sich die in Bild 8.2 dargestellten quantitativen Verhältnisse des Geschiebeeintrags in Abhängigkeit von der Geometrie der Entnahme in einem Fluß. Hieraus wird die Wirkung der Sekundärströmung sehr deutlich, insbesondere wird ersichtlich, welche Bedeutung dem Entnahmeort bezüglich der Flußgeometrie zukommt.

Bild 8.2: Untersuchung verschiedener Abzweigungen nach HABERMAAS mit Angabe der prozentualen Aufteilung des Geschiebes in Fluß und Abzweigung für die Entnahmestellen 1 bis 24 (Aufteilung des Durchflusses bei allen Versuchen: im Fluß 50 %, im Abzweig 50 %) /1/

Der Ausbauzufluß Q im Entnahmekanal wird durch die Wasserspiegelhöhe und die Geometrie (hydraulische Gestaltung) des Entnahmebauwerks bestimmt.

8.1.1 Seitenentnahme

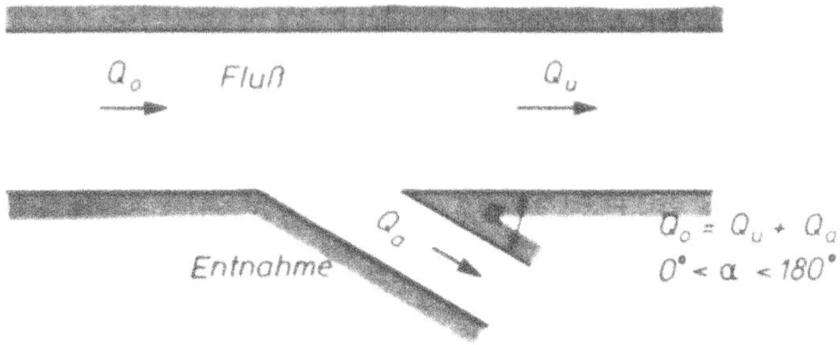

Bild 8.3: Seitenentnahme /4/

Dabei sind folgende Entnahmeformen möglich:

Unterhalb des Wasserspiegels

$$Q_a = k \times \mu_d \times a \times B_a \times (2gh)^{1/2}$$

a	Spaltbreite
B	Stauwandbreite
μ_d	Abflußbeiwert
k	Korrekturbeiwert für unvollkommenen Abfluß

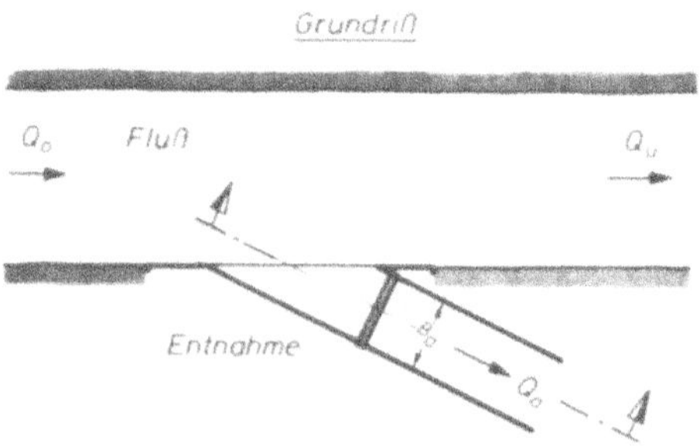

Bild 8.4a: Entnahmeformen /1/

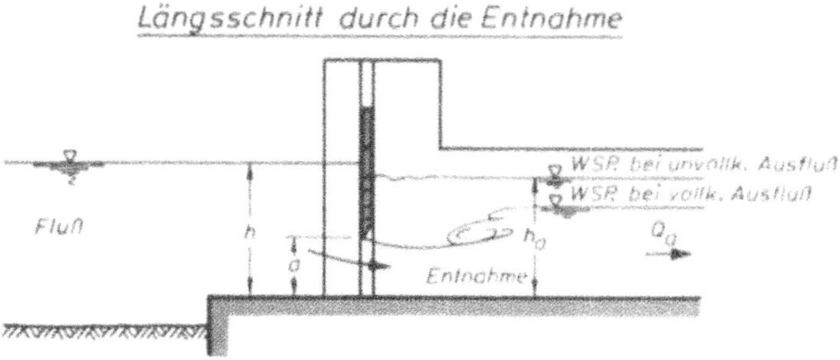

Bild 8.4b: Entnahmeformen /1/

<u>Freispiegel</u>

$$Q_a = 2/3 \times c \times \mu_Ü \times B_a \times (2g)^{1/2} \times h^{3/2}$$

$\mu_Ü$ Überfallbeiwert

c Korrekturbeiwert für unvollkommenen Überfall

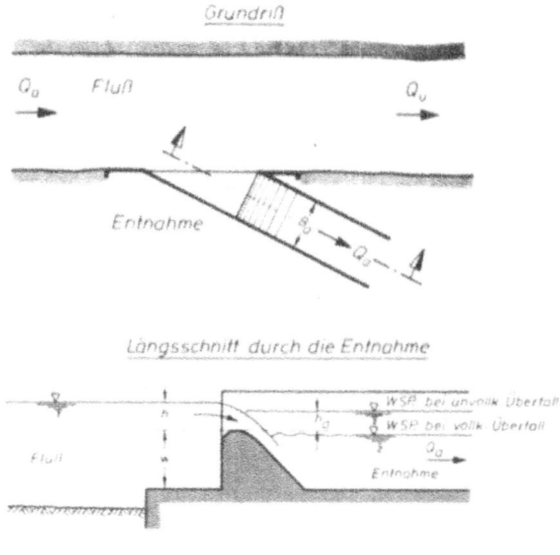

Bild 8.5: Entnahmeformen /1/

Um den Geschiebeeintrag mit seinen schädlichen Auswirkungen auf die maschinentechnische Ausrüstung (erhöhter Verschleiß und Beschädigung) zu verhindern, sollten folgende Möglichkeiten in Betracht gezogen werden:

- Geschiebeabweisung (i. d. R. ohne Aufstau) durch Verstärkung der Sekundärströmung mit Hilfe konstruktiver Maßnahmen wie z. B.
  - künstliche Krümmung
  - Einbau von Buhnen
  - Leitwände
  - Geschiebeabweisschwellen (h = 1,5-2,0 m)
  - abgestufter Vorboden
  - Einbau einer „Grazer Schwelle“.
- Geschiebeabzug (nur bei Aufstau möglich)
  - Haupteffekt bleibt die Sekundärströmung. Es wird lediglich der untere Teil des Geschiebekonzentrationsprofiles (größte Geschiebekonzentration) „gekappt“.

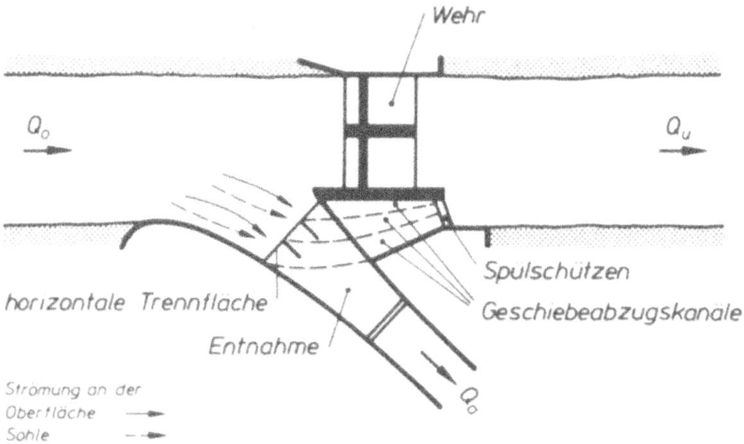

Bild 8.6: Geschiebekanal /1/

8.1.2 Stirnentnahme (nur bei Aufstau)

Die Stirnentnahme kann ebenfalls als Unterdruck- oder Freispiegelentnahme ausgeführt werden. Die Entnahmestelle soll möglichst auf geraden Strecken ohne jede Sekundärströmung angeordnet werden.

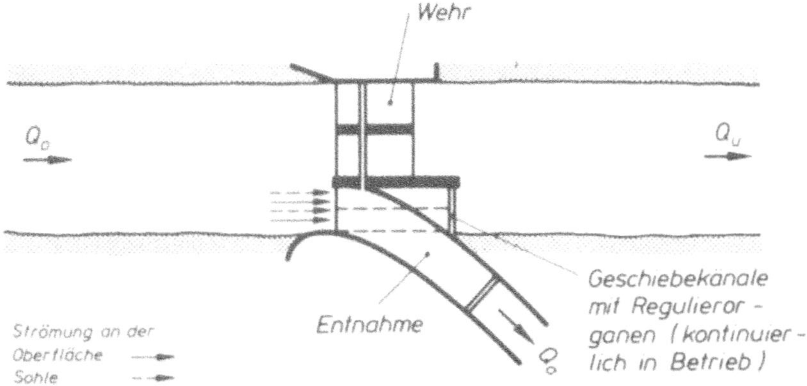

Bild 8.7: Stirnentnahme /1/

Das Verhindern des Geschiebeeintrags ist ausschließlich durch Geschiebeabzug möglich. Dazu ist eine ausreichender Spüldurchfluß und ausreichendes Gefälle im Spülkanal erforderlich.

8.1.3 Sohlentnahme

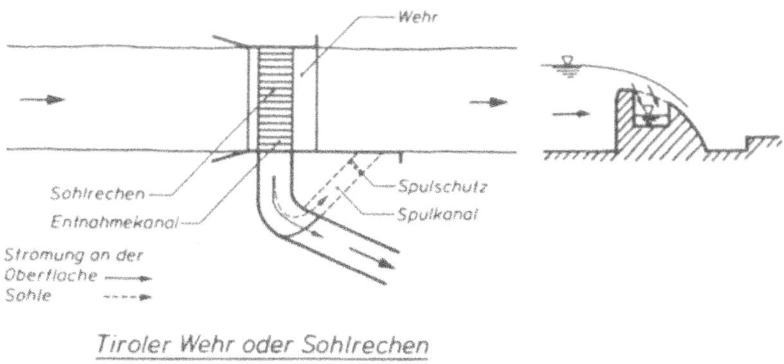

Bild 8.8: Sohlentnahme /5/, /1/

8.1.4 Stollen- und Rohreinläufe

Hier kann der Geschiebeeintrag durch eine Sohlschwelle ($h \approx 1{,}0 \div 1{,}5$ m) und gegebenenfalls mit einer durchbrochenen Sohlschwelle mit Spülkanal /3/ wirksam verhindert werden. Für die hydraulische Bemessung ist von Bedeutung, ob der Stollen als Freispiegel- oder Druckstollen betrieben werden soll.

- Bei Einläufen, die direkt zur Turbine führen, muß das Einziehen von Luft (Wirbelbildung) vermieden werden. Dies gilt insbesondere für den Fall „Niedrigwasser".
- Einlaufverluste in Abhängigkeit von der Form
- Überschlägig: $h_v = 0{,}05 \div 0{,}15 \times v^2/2g$ (ohne Schwelle)
  $h_v = 0{,}10 \div 0{,}20 \times v^2/2g$ (mit Sohlschwelle)

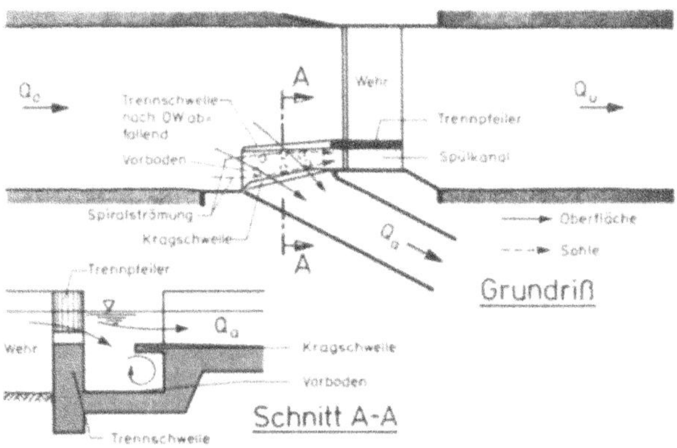

Bild 8.9: Sohlschwellenanordnung /8/

8.2 Auslauf

8.2.1 Saugrohr (bei Kleinanlagen i. d. R. vom Hersteller mitgeliefert)

Sollte das Saugrohr nicht Bestandteil der maschinentechnischen Ausrüstung sein, so sind für die hydraulische Gestaltung folgende Zusammenhänge zu beachten:

- Das Saugrohr muß bei allen Wasserständen unter der Wasseroberfläche bleiben.
- Das Saugrohr muß so ausgebildet werden, daß keine Ablösung der Strömung auf tritt (dies gilt insbesondere im Bereich der Saugrohrkrümmung).

8.2.2 Abmessungen

Die Abmessungen der einzelnen Bauteile ergeben sich aus nachstehender Abbildung in Abhängigkeit vom Turbinendurchmesser d.

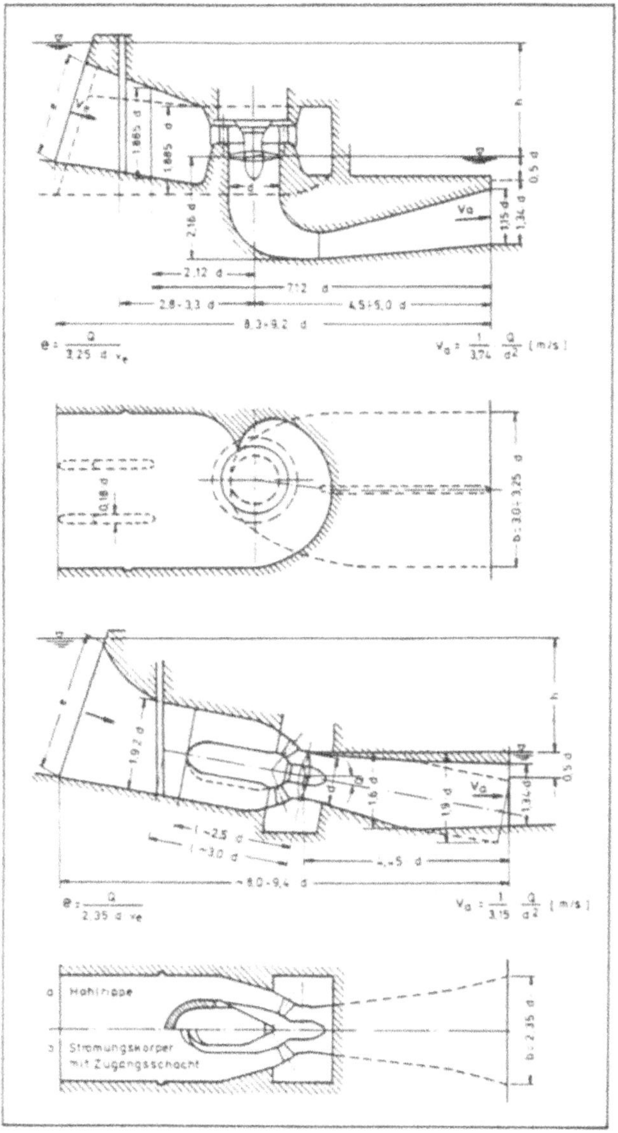

Bild 8.10: Übersicht der wichtigsten Abmessungen /2/

8.2.3 Rückgabebereich

Die Gestaltung des Rückgabebereichs nach der Wasserkraftanlage muß folgende Punkte einbeziehen:

- strömungsgünstige Ausbildung
- Vermeidung von Sohlerosion und Auskolkung im Rückgabebereich
- keine Sedimentation im Rückgabebereich

8.3 Trennpfeiler

Sie dienen der Wasserteilung im Entnahmebereich, der Führung und als Widerlager der Not- und Revisionsverschlüsse und zur Aufnahme des Rechens.

8.3.1 Hydraulische Auswirkungen

Im Querschnitt zwischen den Pfeilern wird die Strömung durch Pfeilerverluste und evtl. auch Pfeilerstau beeinflußt. Auf jeden Fall muß der Ausbaudurchfluß der Turbine durch diesen Fließquerschnitt auch herangeführt werden können (keine Abflußkontrolle zwischen den Pfeilern).

Abschätzen der Pfeilerverluste (nach REHBOCK) in Abhängigkeit von der Froude-Zahl:

$$z/h_2 = f(\alpha, \beta) \times Fr_2^{\,2} \times (1 + Fr_2^{\,2})$$

$$h_1 = h_2 + z$$

$$h_v = z - (v_2^{\,2} - v_1^{\,2})/2g$$

a	=	Verbauungsverhältnis = $1-[(B' \times h_2)/(B \times h_2)]$
Fr_2	=	Froudezahl des ungestörten Abflusses $v_2/(gh_2)^{1/2}$
Q	=	$v_2 \times B \times h_2$
$f(\alpha,\beta)$=		$0{,}1 \times (2 + 5\alpha + 45\alpha^3) \times [\delta - \alpha(\delta - 1)]$
δ	=	Pfeilerformbeiwert (siehe Bild 8.11)
B'		lichte Weite zwischen den Pfeilern
h_2	=	Wassertiefe im ungestörten Zustand

- Gilt nur in Rechteckgerinnen und wenn vor, zwischen und nach den Pfeilern strömender Abfluß herrscht!

Weitere Auswirkungen, die durch Pfeiler auftreten können, sind:

- Einengung des Fließquerschnittes (Ablösung, Pfeilerbreite)
- Auskolkungsgefahr durch Wirbelbildung

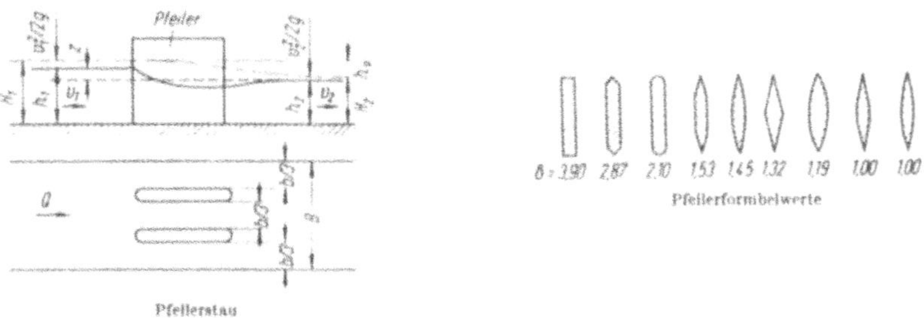

Bild 8.11: Pfeilerstau, Pfeilerformbeiwerte /6/

8.4 Rechen

Der Rechenverlust kann unter den örtlichen Verlusten den Hauptanteil ausmachen. Er ist stark vom Geschwemmseleintrag bzw. der Rechenreinigung abhängig. Die nachfolgend aufgeführte Formel nach Kirschmer liefert relativ günstige Werte, was bei einer überschlägigen Berechnung beachtet werden sollte.

Mit kleiner werdendem Rechenabstand erhöhen sich die Rechengutmenge und damit auch die Abfallmenge zu Lasten des Betreibers (s. Kap. 6.1).

In jüngerer Zeit wurden auch Auflagen bezüglich der Rechenabstände seitens der Fischereiverbände eingebracht ($a_{fein} \approx 2$ cm), wodurch sich der Stababstand nicht mehr alleine aus dem kleinsten Querschnitt der Turbine ergibt.

Dabei ist jedoch zu berücksichtigen, inwieweit dies ökologisch sinnvoll ist, oder ob es nur um die im Interesse der Fischerei liegende Schaffung geschlossener Haltungen zu Lasten der Wasserkraftnutzung geht.

8.4.1 Rechentypen (angestrebte Verlusthöhe $h_v < 3 = 5$ cm)

Bei den Rechentypen ist zwischen Mitstromrechen und Gegenstromrechen zu unterscheiden. Für die Räumung erfolgt die Unterscheidung nach hand- und maschinengeräumten Rechen. Nachfolgende Abbildung gibt einen Überblick über verschiedene Rechentypen.

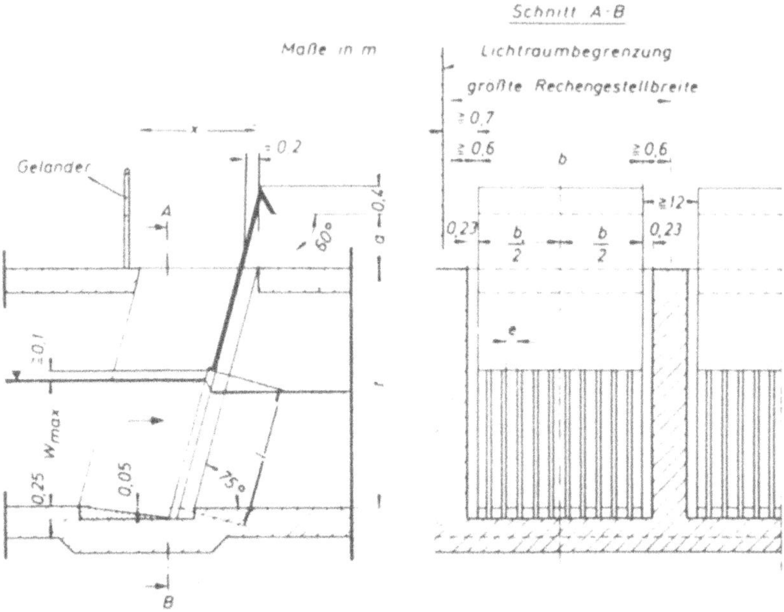

Bild 8.12: Rechenbauwerk mit geradem Rechen (DIN 19 554, TEIL 1 (68), /10/)

8.4.2 Grobrechen

- Um sehr großes Geschwemmsel fernzuhalten (Baumstämme, Äste).
- Um Entnahmebereiche abzugrenzen.
  - $\alpha \approx 15°$ Neigungswinkel des Rechens gegen die Vertikale
  - $a_{Grob} \approx (5 \div 10) \times a_{fein}$ Abstand der Rechenstäbe)

8.4.3 Feinrechen (Achtung: Schwingungsgefährdung der Stäbe)

- Winkel des Rechens gegen das Lot : $12° \leq \alpha \leq 22°$
- Fallhöhenverluste $h_{v,r}$ (nach Kirschmer) s. Bild 8.13

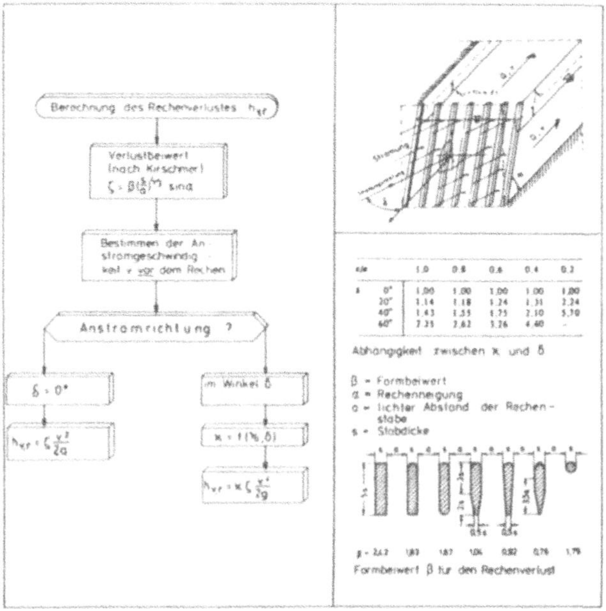

Bild 8.13: Rechenverlustberechnung /2/

8.4.4 Rechenreinigung

Die Art der Rechenreinigung ist von den Abmessungen und Strömungsgeschwindigkeiten, vom Zufluß, der Wassertiefe, der Spaltbreite, dem Rechenstabquerschnitt und dem Rechengutanfall abhängig.

- Folgende Fließgeschwindigkeiten sind einzuhalten:

  Bei unbelegtem Rechen: min v_R = 0,4 ÷ 0,5 m/s
  (bei max Q: max v_R = 0,8 ÷ 1,0 m/s)

  Bei halbbelegtem Rechen: max v_R = 1,0 ÷1,2 m/s
  (sonst zu hoher Anströmdruck)

- Hubkraft ca. 0,8 ÷ 3,0 t /7/

- Hubgeschwindigkeit v_{Hub} = 0,3 m/s für Heben
  = 0,6 m/s für Absenken
  = 0,1 m/s für Dammbalkenziehen

8.4.5 Tauchwand

Eine Tauchwand wird benötigt, wenn viel Treibeis zu erwarten ist, die Gefahr besteht, daß die Rechenstäbe vereisen oder grobes Geschwemmsel anfällt (ein „Abweisbalken", der Geschwemmsel vom Rechen fernhält und dem Unterwasser zuleitet, ist zulässig).

- Eintauchtiefe: 0,8 m bis 1,0 m

8.5 Sandfang

Im Sandfang soll durch Geschiebetrieb mitgeführter Sand ab einer bestimmten Größe (d_{max}) absinken, so daß die maschinentechnischen Anlagenteile vor erhöhtem Verschleiß geschützt sind. Die Sandfangabmessungen sind von der Strömungs- und Absinkgeschwindigkeit abhängig. Für die Räumung des Sandfangs muß ein wirksames Spülsystem vorgesehen werden.

Die wesentlichen Einflußparameter sind:

- zul. d_{max} der verwendeten Turbine
- Sinkgeschwindigkeit v_{Sink} des Größtkornes, welches nicht mehr in die Turbine gelangen soll
- Korndurchmesser d_{max} des Geschiebes, welches trotz geschiebeabweisender Maßnahmen in den Werkkanal zur Turbine gelangt
- die Geschiebemenge, die dabei maximal eingetragen werden kann.

8.5.1 Übersicht

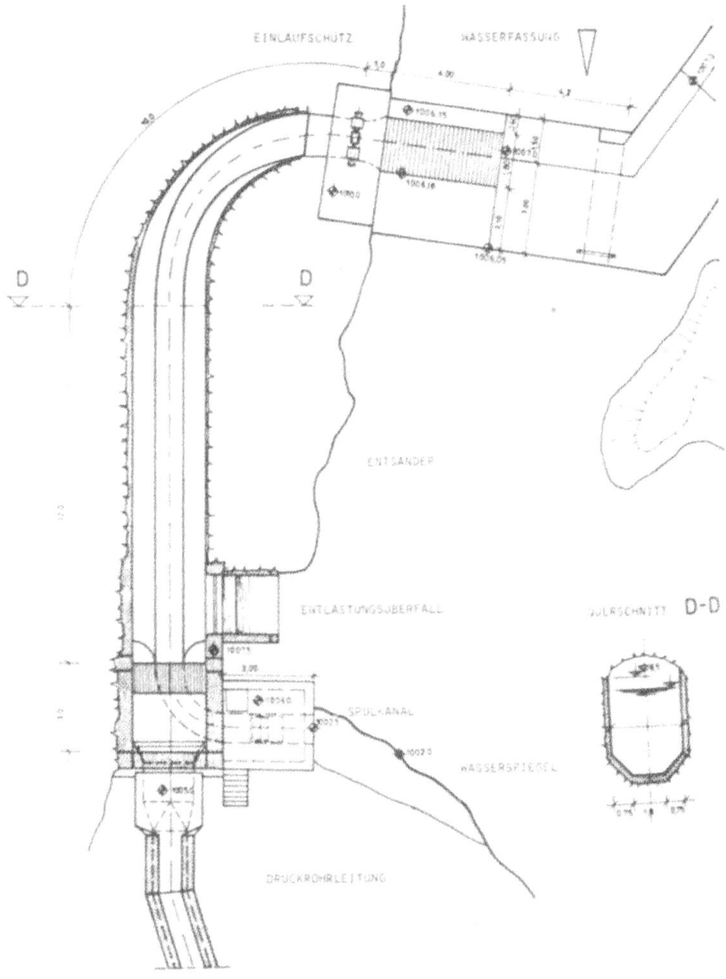

Bild 8.14: Anordnung der Bauteile im Einlaufbereich/Krafthaus /8/

8.6 Rohrleitungs- und Werkkanalführung

Prinzipiell muß die hydraulische Gestaltung die Anlage als Ganzes berücksichtigen. Besonders bei Umbauarbeiten, die den Einbau einer Turbine mit größerem Schluckvermögen vorsehen, muß unbedingt geprüft werden, ob der Ausbaudurchfluß auch herangeführt werden kann.

Ausgangsbedingungen für die hydraulische Gestaltung und der davon abhängigen Linienführung der Triebwasserleitung sind:

- Topographie, Nutzungsrechte, Grundstücksverhältnisse
- Art der Stauhaltung, $Q_{(t)}$, $h_{(t)}$, Q_A, Schwall, Sunk, Druckstoß

8.6.1 Druckrohrleitungen (Hoch- und Mitteldruckanlagen)

Die günstigste Rohrleitungsführung und damit die Wirtschaftlichkeit von Druckrohrleitungen ist gegeben bei:

- günstiger Topographie (keine Umwege nötig)
- nicht zu steilen Hängen (Bauausführung)
- standsicheren Talflanken
- keiner Interessenkollision mit anderen Flächennutzungen
- Vermeidung von Kreuzungen mit Verkehrswegen und Wasserläufen.

Weitere Kriterien für die Rohrleitungsführung:

- direkte Verbindung von Wasserfassung und Krafthaus
- Aufteilung des Durchflusses auf die Maschinensätze kurz vor dem Krafthaus
- Revisionsmöglichkeiten und Auslaufmengen beachten
- Gründungsbedingungen der Auflagerungspunkte
- Laufmeterkosten der Leitung (orts- und strangabhängige)
- Verhältnis von Betriebs- zu Investitionskosten
- bauliche Durchführbarkeit.

8.6.2 Rohrleitungsverluste (Verlusthöhe)

Für eine Abschätzung der Rohrleitungsverluste gilt:

Rohrreibungsverluste: $h_{vr} = \sum \lambda \times L_i/D_i \times v_i^2/2g$

örtliche Verluste: $h_{vö} = \sum \xi \times v_i^2/2g$

λ Reibungsbeiwert (von v und Rohrleitungsmaterial abhängig; Überschlagswert: 0,025)

ξ Verlustbeiwert örtlicher Verluste (Überschlagswert: $0{,}1 < \xi < 1{,}0$)

8.6.3 Werkkanäle für Niederdruckanlagen

Als zusätzliche Einflußfaktoren sind hier zu nennen: (vgl. 8.5.1)

- Gefälle (flaches Gefälle --> großer Querschnitt --> hohe Laufmeterkosten)
- Laufmeterkosten sind orts- und gefällsabhängig (Variantenstudium für verschiedene Trassen sinnvoll)

Vielfach werden der Oberwasserkanal ausgekleidet und der Unterwasserkanal unausgekleidet ausgeführt.

8.6.4 Hydraulische Bemessung für Werkkanäle/ Freispiegelstollen

Der durch den Werkkanal heranführbare Durchfluß Q kann aus der Fließgeschwindigkeit v, dem Fließquerschnitt A und dem benetzten Umfang berechnet werden. I_e ist das Energieliniengefälle, k_{st} der Rauheitsbeiwert nach Strickler.

$$Q = v_m \times A \qquad [m^3/s]$$

$$v_m = k_{st} \times r_{hy}^{2/3} \times I_e^{1/2} \quad \text{mit} \quad r_{hy} = A / l_u \qquad [m/s]$$

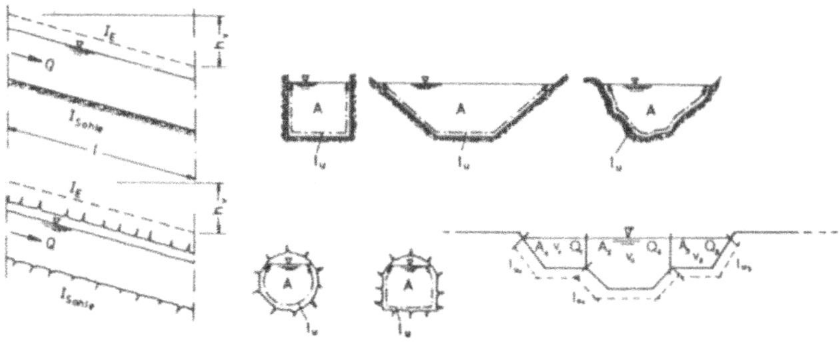

Bild 8.15: Querschnittskenngrößen /2/

Je nach Auskleidung des Werkkanals (Sohlenbeschaffenheit) sind zulässige maximale Strömungsgeschwindigkeiten v_0 einzuhalten. Nachstehende Tabellen enthalten den Strickler-Beiwert k_{st} und die zulässigen Fließgeschwindigkeiten:

Rauheitsbeiwerte k_{st} für natürliche und künstliche Gerinne	k_{st} in $[m^{1/3}/s]$
Natürliche Wasserläufe	20 ÷ 40
Erdkanäle	20 ÷ 60
Felskanäle	15 ÷ 30
Gemauerte Kanäle	40 ÷ 75
Betonkanäle	50 ÷ 100
Asphaltbetonkanäle	70 ÷ 80

Tabelle 8.1: Stricklerbeiwerte k_{st} in $[m^{1/3}/s]$ /2/

Sohlenbeschaffenheit		v_0 [m/s]
Einzelkorngefüge vorherrschend	Feinkies, Korngröße 2 bis 6,3 mm	0,60 bis 0,80
	Mittelkies, Korngröße 6,3 bis 20 mm	0,80 bis 1,25
	Grobkies, Korngröße 20 bis 63 mm	1,25 bis 1,60
	Steine, Korngröße 63 bis 100 mm	1,60 bis 2,00
Boden, kolloidal	festgelagerter sandiger Lehm	0,40 bis 0,60
	festgelagerter Lehm	0,70 bis 1,00
	fester Klei	0,90 bis 1,30
Rasen, verwachsen	Rasen, langanhaltend überströmt	1,5
	Rasen, vorübergehend überströmt	2,0

Tabelle 8.2: Zulässige Querschnittsgeschwindigkeiten /11/

Bei Kanälen mit befestigten Böschungen und Sohlen sollten die Fließgeschwindigkeiten wegen der Reibungsverluste < 2 m/s sein. Zur Vermeidung von Ablagerungen mitgeführter Schwebstoffe können auch Mindestgeschwindigkeiten, z. B. > 5,5 m/s, gefordert werden.

8.7 Absperrorgane

Absperrorgane sind notwendig für Betrieb, Revisions- bzw. Reparaturarbeiten. Dabei sind folgende Anforderungen zu beachten:

- Trockenlegung von Triebwasserkanal bzw. Rohrleitung
- Revision der Anlagenteile
- oftmals gleichzeitig als Regulierorgane eingesetzt.

8.7.1 Anordnung

- bei Niederdruckanlagen als Dammbalken (auch Drucksegmente u. a., siehe 8.1) im Einlaufbereich (zwischen Trennpfeiler) vor Turbine als Schieber, Hahn oder Klappe (--> Hochdruckanlagen) (s. Kap. 3, Bild 3.11)).

8.7.2 Auswahlkriterien

- Bedienung (manuell/automatisch)
- hydraulische Anforderungen (Verluste, Druckstoß)
- Sicherheitsanforderungen
- Ein- und Ausbaumöglichkeiten
- Kosten.

8.8 Literaturverzeichnis

/1/ Helmut Scheuerlein, „Die Wasserentnahme aus geschiebeführenden Flüssen“, Berlin, Verlag für Architektur und Technische Wissenschaften, 1984.

/2/ Institut für Wasserbau, „Wasserkraftanlagen“, Manuskript zur Vorlesung, Universität Stuttgart, 1989.

/3/ Institut für Wasserbau, „Fernleitungen und Behälter“, Manuskript zur Vorlesung, Universität Stuttgart, 1989.

/4/ Institut für Wasserbau, „Hydromechanik im Wasserbau I“, Universität Stuttgart, 1987.

/5/ Press, „Stauanlagen und Wasserkraftwerke III“, zweite erweiterte Auflage, Verlag von Wilhelm Ernst und Sohn Berlin, 1967.

/6/ Bauingenieurs-Praxis, Heft 121, „Strömungsberechnungen im Bauwesen, Teil I; Stationäre Strömungen“, Verlag von Wilhelm Ernst und Sohn, Berlin München, 1968.

/7/ Felix von König, „Bau von Wasserkraftanlagen“, Verlag C. F. Müller GmbH Karlsruhe, 1985.

/8/ Institut für Wasserwirtschaft und Bodenkultur, „Symposium on project design and installation of small hydro power plants“, Vienna, 29 June 1981 - 1 July 1981, Editor: Siegfried Radler, Druck: Gröpner OHG.

/9/ Institut für Siedlungswasserbau, Wassergüte und - Abfallwirtschaft „Abwassertechnik“, Manuskript zur Vorlesung, Universität Stuttgart, 1986.

/10/ Lehr- und Handbuch der Abwassertechnik, Band 3, ATV, Wilhelm Ernst und Sohn, Berlin/München, 1988.

/11/ DIN 19 661, Teil 2, April 1978.

9 Umbau einer vorhandenen Wasserkraftanlage

Ein Umbau geht über die Wiederherstellung des früheren Zustandes einer Anlage (Reparatur) hinaus. Er kann sich erstrecken auf die im folgenden genannten Punkte:

9.1 Konstruktive Verbesserungen

- an der Turbine
  (wartungsfreie Lagerung der beweglichen Teile des Leitapparates und der Turbinenwelle - Verwendung verschleißfester oder nichtrostender Materialien - Einbau selbst nachstellender Wellendichtungen - modernes Getriebe)
- am elektrischen Teil
  (neuer Generator - neue Schaltanlage)

Für konstruktive Umbaumaßnahmen können die Erfahrungen von anderen Anlagen größtenteils übernommen werden, da sie praktisch anlagenunabhängig sind. Voraussetzung ist allerdings, daß im neuen Anwendungsfall keine Betriebsbedingungen vorliegen, deren Auswirkungen noch nicht erprobt sind (Sandschliff, aggressives Wasser, hoher Kalkgehalt).

9.2 Modernisierung von Regelung und Steuerung

(Digitalregler - Kraftwerksautomatisierung / Leittechnik einschl. Verschlußorganen und Rechenreinigung)

Im Falle einer Reglermodernisierung ist jedoch bereits bei geänderten Stellzeiten zu überprüfen, ob sich Rückwirkungen auf die Zu- und Abströmung ergeben. Je nach der Fallhöhe ist dann entweder eine Druckstoß- bzw. eine Schwall-Sunkrechnung erforderlich. Hierbei sind also anlagenspezifische Komponenten zu berücksichtigen.

9.3 Leistungserhöhung der Anlage

(Vergrößerung von Fallhöhe und Durchfluß, Einbau eines hydraulisch neu konzipierten Lauf- und Leitrades, Maßnahmen am Saugrohr)

Bei einer anstehenden Leistungserhöhung mit Änderung der bisherigen Auslegungsdaten oder bei der Zusammenlegung zweier/mehrerer Turbinen zu einer größeren Einheit ist eine weitreichende Überprüfung der hydraulischen und maschinellen Gegebenheiten unerläßlich. Beispielhaft seien genannt:

Oberwasserseite

- Bietet das vorhandene Bauwerk ausreichenden Strömungsquerschnitt im Zulauf? Das sogenannte Fließgefälle darf nicht dazu führen, daß die hydraulische Überdekkung der Turbine, d.h. die Höhendifferenz zwischen dem OW-Spiegel im Einlaufkanal und Oberkante Leitapparat ein Mindestmaß unterschreitet. Andernfalls ist mit Lufteinzug zu rechnen, der erhebliche Probleme mit sich bringen kann (unruhiger Betrieb, Abreißen der Strömung auf der Saugseite).
  Entsprechend sind bei Kraftwerksanlagen mit Druckrohrleitung die Strömungsverluste sowie Festigkeit und Zustand des Rohres zu überprüfen.

- Bleibt der Sandfang voll funktionsfähig?
  Der Erfolg der Sandfangeinrichtung hängt von der Verweildauer des Triebwassers im Kanal ab. Verringert sich diese Zeit infolge höherer Zuströmungsgeschwindigkeit, dann kann sich der Sand nicht mehr in ausreichendem Maße absetzen (vgl. 8.5).

- Ist mit verstärktem Laubeinzug zu rechnen?
  Besonders bei Turbinen mit kleinerem Laufraddurchmesser kann die Laubverlagerung von Leit- und Laufrad zu erheblichen Betriebsstörungen und Leistungseinbußen führen. Höhere Strömungsgeschwindigkeiten vergrößern dieses Problem. Gegebenenfalls sind Maßnahmen am Einlaufrechen zu treffen (geringere Stab-Lichtweite, höhere Putzfrequenz, Abweisbalken) und/oder an der Turbinensteuerung (kurzzeitige Wedelschaltung).

Maschine (einschl. Abschlußorgane)

- Sind die mechanischen Bauteile noch ausreichend dimensioniert? Zu berücksichtigen ist auch eine eventuell erhöhte Duchgangsdrehzahl !
  Bei der Turbine sind alle kraft- und drehmomentübertragenden Teile, beim Generator ist außerdem die ursprüngliche Leistungsreserve zu überprüfen (gegebenenfalls Neuwicklung).

- Ändern sich die Fundamentkräfte?
  Auswirkungen können sich besonders bei der Belastung freitragender Decken ergeben (durch höheren Achsschub und größere Gewichte) und bei zugbelasteten Fundamentankern.

Regler

- Überschreitet die neue Regulierarbeit die Leistungsfähigkeit der vorhandenen Verstelleinrichtung (Öldruck, Schnelligkeit, Kraftübertragung)?

- Ändert sich die Turbinendrehzahl?
  In diesem Fall, u. U. verbunden mit einer Änderung der rotierenden Massen von Turbine und Generator, wird eine Biege- und Drehschwingungsrechnung erforderlich.
  Parallel dazu erfolgt die Festlegung eventueller zusätzlicher Schwungmassen zur Einhaltung der Regulierwerte.
  Natürlich stellt sich dann auch bei zwischengeschaltetem Getriebe die Frage von Anpassung oder Austausch.

Unterwasserseite

- Wie ist die Saugkrümmerkontur zu beurteilen?
  Das Saugrohr spielt bei der Rückgewinnung von Strömungsenergie zwischen Laufradaustritt und Unterwasser eine entscheidende Rolle. Bei Niederdruckanlagen kann dieser Anteil bis zu 30 % der Gesamtenergie betragen (vgl. 8.2). Früher hat man diese Tatsache weniger beachtet, so daß die Saugkrümmer bei vielen Anlagen älterer Bauart nur unbefriedigende Umsetzungsgrade aufweisen. Die Hersteller haben Möglichkeiten entwickelt, die Umsetzung durch geeignete Saugrohränderungen zu verbessern.

- Ist der Unterwasserkanal für die Wasserabfuhr ausreichend bemessen?
  Ist der Kanalquerschnitt nicht ausreichend groß, dann wird sich das abfließende Wasser anstauen und dadurch die effektive Fallhöhe verringern. Leistungsverlust ist die Folge.
  Entsprechende Baumaßnahmen, die sich auch auf evtl. vorhandene Störkörper (Schwellen u. ä.) erstrecken müssen, sind deshalb durchzuführen.
  Nicht immer sind die Auswirkungen baulicher Gegebenheiten auf die Qualität der Energiegewinnung eindeutig vorherzusagen. Deshalb soll auf die Möglichkeit von Modellversuchen hingewiesen werden. Aus wirtschaftlichen Gründen ist dabei allerdings eine untere Grenze der Kraftwerksleistung zu beachten.

10 Instandsetzung, Umbau oder Neubau

Wasserkraftanlagen haben eine hohe Lebensdauer. Betriebszeiten von 60 oder 80 Jahren sind keine Seltenheit.

Irgendwann einmal stellt sich jedoch dem Betreiber oder einem Käufer die Frage, in welcher Weise die bestehende Anlage weiterbetrieben werden soll.

In aller Regel gibt es dazu drei Möglichkeiten, wenn man von einer Stillegung absieht:

10.1 Austausch von Teilen bzw. Reparatur mit geringstem Aufwand

Diese Maßnahmen erfolgen dabei nach Bedarf, d. h. nicht präventiv.

Auf den ersten Blick scheint diese Methode sehr kostengünstig zu sein. Wahrscheinlich deshalb wird sie auch häufig angewandt. Sie führt jedoch zu ungeplanten Stillständen längerer Dauer (Ersatzteilbeschaffung!) mit entsprechendem Stromausfall. Eine Erhöhung der Energieausbeute durch eine bessere hydraulische Gestaltung findet nicht statt. Der Betrieb bleibt personalintensiv (Wartung, Überwachung).

10.2 Hydraulische und mechanische Modernisierung durch Umbau

Die Vorteile liegen auf der Hand. Der Personalaufwand wird geringer, die erzeugte Energie höher, der maschinelle Teil ist praktisch neuwertig mit entsprechender Lebensdauer.

Der finanzielle Aufwand allerdings ist beträchtlich höher als bei 10.1. Während der Umbauzeit entfällt die Stromlieferung.

10.3 Totaler Ersatz des bestehenden elektromechanischen Teils durch eine Turbine moderner Bauart

Das Energiedargebot wird maximal genutzt, die Anlage ist weitestgehend wartungsfrei und vollautomatisiert, das Krafthaus kann kleiner als vorher sein und gut der Landschaft angepaßt werden.

Diesem positiven Ergebnis stehen natürlich die höchsten Kosten gegenüber. Außerdem sind bau- und wasserrechtliche Fragen zu klären. Die Zeit ohne Stromerzeugung ist besonders lang.

Welche der drei Möglichkeiten dem Betreiber bei seinen Überlegungen zur Zukunft der Wasserkraftanlage den optimalen Nutzen bringt, kann nicht ohne eingehende Wirtschaftlichkeitsbetrachtung beantwortet werden. Entscheidende Faktoren sind auch der Allgemeinzustand der Anlage und die noch zu erwartende Rest-Lebensdauer der wesentlichen Bauteile.

11 Versicherungen im Betrieb

11.1 Allgemeines

Eine Versicherung dient dem Schutz gegen die nachteiligen Folgen bestimmter Ereignisse. Die Risiken eines Unternehmens sind permanenten Veränderungen unterworfen. Hierfür sorgen die Rechtsprechung, neue Gesetze sowie die rasch fortschreitende technologische Entwicklung und betriebliche Dynamik.

Entsprechend der Vielseitigkeit von Funktion und Einsatz der Technik ist der Versicherungsbedarf hierfür unterschiedlich.

Unter Berücksichtigung einzuschätzender Risiken und Gefahren, aber auch von wirtschaftlichen Gesichtspunkten, können für den Bereich von Wasserkraftanlagen insbesondere folgende Versicherungen in Frage kommen:

11.2 Maschinenversicherung

Gegenstand der Maschinenversicherung sind maschinelle und elektrische Anlagen im weitesten Sinne sowie alle sonstigen für den Betrieb und die Betriebseinrichtung erforderlichen Anlagenteile. Hierunter fallen bei Wasserkraftanlagen beispielsweise:

> Turbinen, Turbineneinlaufverschlüsse, Turbineneinlaufrechen, Rechenreinigungsmaschinen, Generatoren, Druckrohrleitungen, Ausrüstungen von Wehr- und Schützenanlagen, Maschinenumspanner, Elektromotore, Pumpen sowie Krane und Aufzüge.

Der Versicherungsschutz erstreckt sich auf unvorhergesehene und plötzlich eintretende Schäden an den versicherten Sachen, wie z. B. Verbiegen, Zerbrechen, Zerreißen u. ä. (Maschinenbruch). Ferner werden Schäden ersetzt, die entstehen durch Bedienungsfehler, Ungeschicklichkeit, Fahrlässigkeit oder Böswilligkeit, aber auch durch Sturm, Frost oder Eisgang. Nicht eingeschlossen sind Schäden, die auf dem normalen Betrieb der Anlagen beruhen, wie Abnutzung und Verschleiß.

Der Versicherungsschutz erstreckt sich auch nicht auf Schäden, die entstehen z. B. durch Erdbeben, Erdsenkungen, Felssturz, Überschwemmungen infolge Hochwasser sowie andere katastrophale Naturereignisse.

Grundlage des Versicherungsschutzes sind die Versicherungbedingungen für die Mitglieder der Vereinigung Deutscher Elektrizitätswerke (VDEW) oder die Allgemeinen Maschinenversicherungs-Bedingungen (AMB).

11.3 Maschinen-Betriebsunterbrechungs-Versicherung

Wird die technische Einsatzmöglichkeit einer maschinellen oder elektrischen Einrichtung durch einen unter den Versicherungsschutz fallenden Sachschaden unterbrochen oder beeinträchtigt, so ersetzt die Versicherung den dadurch entstandenen Unterbrechungsschaden (Vermögensschaden).

Die Entschädigungsleistung innerhalb einer begrenzten Haftungszeit erstreckt sich auf den Betriebsgewinn und die fortlaufenden Kosten (z. B. monatliche Löhne und Gehälter), die der Versicherte nicht erwirtschaften kann. Die Ermittlung der Versicherungssumme und der Entschädigungsleistung erfolgt nach betriebswirtschaftlichen Grundsätzen.

11.4 Betriebs-Feuerversicherung, Gebäudebrand- und Elementarschadenversicherung

Die Betriebs-Feuerversicherung ersetzt Sachsubstanzschäden durch Brand, Blitzschlag oder Explosion auch als Folge von Löschen, Niederreißen und Ausräumen. Eingeschlossen in den Versicherungsschutz sind ferner Schäden durch Aufprall oder Absturz eines bemannten Flugkörpers, seiner Teile oder der Ladung. Im wesentlichen werden in der betrieblichen Feuerversicherung technische und kaufmännische Betriebseinrichtungen versichert.

Die Gefahrendeckung der Gebäudeversicherung ist analog der betrieblichen Feuerversicherung. Aufgrund des Gesetztes über die Versicherung der Gebäude gegen Unwetter- und andere Elementarschäden gelten auch Elementarschäden als Folge von Naturereignissen versichert, wie Sturm, Hagel, Hochwasser. In Baden-Württemberg unterliegen Gebäude, Bauteile sowie fest verbundene Einbauteile der Gebäudebrand- und Elementarschadenversicherung. Träger dieser Pflichtversicherung ist die öffentlich-rechtliche Gebäudeversicherung. Gewerblich genutzte Anlagen (Maschinen und Werkseinrichtungen) sind zum Teil über die Gebäudeversicherung mitversichert.

In den verschiedenen Bundesländern weichen die Regelungen teilweise voneinander ab.

11.5 Betriebs-Haftpflichtversicherung

Der Versicherungsschutz einer zu vereinbarenden Betriebshaftpflichtversicherung erstreckt sich auf die gesetzliche Haftpflicht des Unternehmers, also seine Verpflichtung zum Schadenersatz. Vertragliche Schadenersatzansprüche die über die gesetzliche Haftung hinausgehen, sind nicht abgedeckt.

Versicherungsfall ist das Schadenereignis, das Haftpflichtansprüche gegen das Unternehmen und Mitversicherte, z. B. gesetzliche Vertreter, Mitarbeiter u. a. zur Folge haben kann. Unter die Haftpflichtversicherung fallen grundsätzlich nur Ansprüche aus Personen- und Sachschäden. Reine Vermögensschäden können eingeschlossen werden.

Die Betriebs-Haftpflichtversicherung ist auf die verschiedenen Risikobereiche zugeschnitten. Der Versicherungsschutz wird durch die vereinbarte Deckungssumme der Höhe nach begrenzt, gewisse Tatbestände sind vom Versicherungsschutz ausgeschlossen.

Durch besondere Vereinbarungen kann und sollte der Haftpflichtversicherungsschutz auch auf das Gewässer- und Umweltschadenrisiko sowie auf das Produkt-Haftpflichtrisiko ausgedehnt werden.

Schlußwort

Die Wasserkraft nimmt im Hinblick auf eine stärkere Hinwendung zu regenerativen Energiequellen eine Vorreiterstellung in Baden-Württemberg ein. Dies liegt in der zuverlässigen und erprobten Technologie begründet und in den günstigen topographischen und hydrologischen Voraussetzungen für die Wasserkraftnutzung in Baden-Württemberg.

Der Wasserwirtschaftsverband Baden-Württemberg hofft, mit dem „Leitfaden" den Interessenten genügend Informationen an die Hand gegeben zu haben, die zur Beurteilung und gegebenenfalls zur Inangriffnahme eines konkreten Projektes erforderlich sind. Die einzelnen Kapitel sind aus Fachbeiträgen der Mitglieder des eingangs erwähnten Autorenkollektivs hervorgegangen und berücksichtigen im wesentlichen die Verhältnisse in der Bundesrepublik Deutschland (Baden-Württemberg).

Sie erweitern damit das in Kapitel 3 erstmals in deutscher Sprache wiedergegebene Handbuch der Internationalen Elektrotechnischen Kommission, das weltweit gültig sein und sich deshalb auf Technik und Ablauforganisation beschränken muß.

Bewußt ist ein Lehrbuchcharakter zugunsten der konkreten, praxisnahen Darstellung des Problemkreises zurückgetreten.

Der Wasserwirtschaftsverband und die Autoren hoffen auch, durch diesen Leitfaden in der Öffentlichkeit das Interesse für den weiteren energiepolitisch, privatwirtschaftlich und ökologisch ausgewogenen Ausbau von Kleinwasserkräften geweckt zu haben.

Notizen

Notizen

Notizen

Notizen

Notizen

Notizen

Notizen

GPSR Compliance

The European Union's (EU) General Product Safety Regulation (GPSR) is a set of rules that requires consumer products to be safe and our obligations to ensure this.

If you have any concerns about our products, you can contact us on ProductSafety@springernature.com

In case Publisher is established outside the EU, the EU authorized representative is:

Springer Nature Customer Service Center GmbH
Europaplatz 3
69115 Heidelberg, Germany

Batch number: 08566374

Printed by Printforce, the Netherlands